职业教育"十二五"规划教材

焊接电工基础

张 毅 主编　　杨文中 副主编　　郐建中 主审

HANJIE
DIANGONG
JICHU

化学工业出版社

·北京·

本书是根据目前职业教育教学改革需要，使技术基础课程与专业课程更好有效衔接而编写的，内容包括直流电路、交流电路、磁路与变压器、半导体元件及应用、低压控制电器与电路的基础知识、焊接电弧的电特性及对弧焊电源的要求等。书中内容通俗易懂，图文并茂，突出实用性。每章后面附有习题。

　　本书可作为高职高专院校、中等职业学校、成人高校焊接专业教材使用，也可作为相关行业岗位培训教材或自学用书，对焊接工程技术人员也有一定的参考价值。

图书在版编目（CIP）数据

　　焊接电工基础/张毅主编. —北京：化学工业出版社，
2010.12（2023.10重印）
　　职业教育"十二五"规划教材
　　ISBN 978-7-122-09679-1

　　Ⅰ．焊… Ⅱ．张… Ⅲ．焊接-电工学-职业教育-教材
Ⅳ．TG43

　　中国版本图书馆 CIP 数据核字（2010）第 201080 号

责任编辑：韩庆利　　　　　　　　　　　文字编辑：徐卿华
责任校对：周梦华　　　　　　　　　　　装帧设计：史利平

出版发行：化学工业出版社（北京市东城区青年湖南街 13 号　邮政编码 100011）
印　　装：北京虎彩文化传播有限公司
787mm×1092mm　1/16　印张 7¾　字数 181 千字　2023 年 10 月北京第 1 版第 7 次印刷

购书咨询：010-64518888　　　　　　　　售后服务：010-64518899
网　　址：http://www.cip.com.cn
凡购买本书，如有缺损质量问题，本社销售中心负责调换。

定　　价：26.00 元

前 言

　　近年来，职业教育在国家大力推进职业技术教育改革和加强教育结构调整基础上得到较快发展。本书是在贯彻落实教育部《全面提高高等职业教育教学质量的若干意见》的文件精神，加强职业教育教材建设，满足职业院校深化教学改革对教材建设要求的新形势下编写而成的。

　　本着"基础知识够用，兼顾后继发展"的原则，我们将原有技术基础课"电工学"、"工业电子学"的内容进行了针对性选择，并将焊接专业与其相关联的内容"焊接电弧的电特性"、"对弧焊电源的要求"加入到原有课程体系之中，使技术基础课程与专业课程有效衔接，同时可以更好地为专业课程的学习打下基础。

　　本书讲述了直流电路、交流电路、磁路与变压器、半导体元件及应用、低压控制电器与电路的基础知识、焊接电弧的电特性及对弧焊电源的要求。本书可供高职高专院校、中等职业学校、成人高校、培训机构焊接专业师生作为教材使用，对焊接工程技术人员也有一定的参考价值。

　　本书第一章、第二章由生利英编写，第三章、第四章由杨文中编写，第五章、第六章、第七章由张毅编写。本书由张毅担任主编并统稿，杨文中担任副主编，郜建中担任主审。

　　由于编者水平所限，加之时间紧迫，书中难免存在不足之处，恳请读者不吝赐教。

编　者

2010 年 10 月

目 录

第三章　磁路及变压器　　34

第四章　半导体元件及其应用　　50

第五章　常用低压电器与电路　　72

第六章　焊接电弧及其电特性　　85

第一章 直流电路

本章首先介绍了电路的基本概念，分别对电路的物理量、电路的元件作了介绍；重点讨论了基尔霍夫定律，并对电路的工作状态和电阻串并联电路进行了分析；讨论了用支路电流法求解复杂电路电流的方法，最后阐述了电阻电容器电路的充放电过程。

本章虽然是以直流电路为研究对象，但从中引出的概念、定律和分析方法也适用正弦交流电路及其他各种线性电路。

第一节 电路和电路模型

一、电路的组成和作用

电路是电流的流通路径，是为了实现某种需要由各种电气设备和元件按一定方式连接而成的。电路由电源、负载和中间环节三个部分组成。

电源是产生或提供电能的装置，其作用是将其他形式的能量转换为电能，如发电机、信号源、干电池等。

负载即用电设备，是电能的主要消耗者，是用电设备的统称。其作用是将电能转换成其他形式的能量，如电动机、电炉、电焊机、电灯等。

电源与负载之间的部分是中间环节，它包括连接导线、控制电器和测量装置等，在电路中它起着传递、控制和分配电能的作用。

实际电路种类很多，但按其功能不同，常见电路可分为两大类，即电力电路（或称强电电路）和信号电路（或称弱电电路）。电力电路主要用来实现电能的传输和转换，如供电系统、电力拖动、照明电路等。其用途是完成能量之间的相互转换，图1-1（a）所示的手电筒电路就是一个最简单的电力电路。

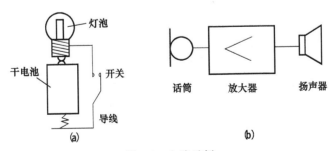

图 1-1 电路示例

信号电路通过电路实现信号的传递和处理，例如收音机、电视机、扩音机电路等，是通过接收天线，接收载有音乐、图像、文字的电磁波信号后，转换成相应的电信号，通过电路把这些信号送到扬声器、显像管，还原为原始信息。图 1-1（b）所示的扩音机电路，通过话筒把声音信号转换为相应电信号，经放大器放大，扬声器将放大的信号还原成声音。

根据电路中供电电源种类的不同，电路又可分为直流电路和交流电路。直流电路由直流电源供电。理想直流电源的特点是输出电压的大小和方向不随时间变化。交流电路由交流电源供电，其电源输出电压的大小和方向随时间而变。本章讨论直流电路的基本理论和计算，在第二章中讨论单相和三相正弦交流电路。

二、电路模型

实际电路是由多种电器元件组成的，每一种器件在工作中表现出较为复杂的电磁性质，往往兼具两种以上的电磁特性。例如一个白炽灯，它除具有消耗电能的电阻特性外，还具有一定的电感性，在电路的分析和计算时，如果对电器元件考虑其全部的电磁特性，电路的分

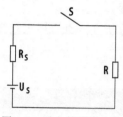

图 1-2　手电筒照明电路
的电路模型

析将变得复杂。为了便于对实际电路进行分析和数学描述，突出元件的主要电磁特性，忽略次要因素，可把实际元件理想化（或称为模型化）。例如，白炽灯便可以用只具有消耗电能性质而没有电感性的理想电阻元件近似地表征。

这样用一个或几个具有单一电磁特性的理想电路元件组成的电路，构成实际电路的电路模型。图 1-2 是手电筒照明电路的电路模型。其中，灯泡是电路的负载，理想化为电阻元件，其参数为 R；干电池是电源元件，理想化为电压源 U_S 和内阻 R_S 串联的组合模型；筒体和开关是连接电池和灯泡的中间环节，其电阻可以忽略不计，认为是一无电阻的理想导体。

为了叙述简便，在以后的章节中理想电路元件简称为电路元件，分析的直接对象都是指电路模型。

第二节　电路的基本物理量

一、电流

带电粒子在外力的作用下作有规则的定向移动，便形成电流。金属导体中的电流是导体中的自由电子在电场力的作用下定向移动而形成的。习惯上规定正电荷的运动方向为电流的方向。电流的大小是以单位时间内通过导体横截面的电荷量来衡量的，即

$$i = \frac{\mathrm{d}q}{\mathrm{d}t} \tag{1-1}$$

式中，i 表示随时间变化的电流在某一时刻的瞬时值；$\mathrm{d}q$ 是在时间 $\mathrm{d}t$ 内通过导体横截面的电荷量。当 $\mathrm{d}q/\mathrm{d}t$ 为一常数时，表示电流不随时间的变化而变化，称为恒定电流，简称为直流，用字母 I 表示。即

$$I = \frac{q}{t} \tag{1-2}$$

电流的国际计量单位（SI）为安培，简称安（A），还可以用千安（kA）、毫安（mA）、微安（μA）作单位，它们之间的换算关系为

$$1\mathrm{kA} = 10^3\,\mathrm{A} = 10^6\,\mathrm{mA} = 10^9\,\mu\mathrm{A}$$

电流的方向是客观存在的。但是在分析和计算较为复杂的电路时，往往事先不能确定电路中电流的实际方向。对于交流电路中的交流电流，其方向是随时间变化的，也无法用一个

固定的箭标来表示它们的实际方向。为此，在分析电路时，总是任意选定某一方向为电流参考方向，如图 1-3 所示。而选择的电流参考方向并不一定与电流的实际方向相同。

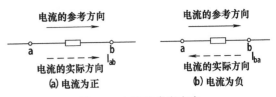

图 1-3 电流的参考方向

定义：如果电流的实际方向与电流参考方向相同，则此电流为正值；如与所选电流参考方向相反，则电流为负值，见图1-3（a）、（b）。

电流参考方向除用箭标表示外，还可用双下标表示。图 1-3（a）中电流参考方向为 a 指向 b，可用 I_{ab} 表示，当参考方向选择 b 指向 a 时，电流可表示为 I_{ba}，两者之间关系为

$$I_{ab} = -I_{ba} \tag{1-3}$$

当电流参考方向选定后，其电流值有正负之分，可以在选定的电流参考方向下，根据电流的正负来确定某一时刻电流的实际方向。

二、电压、电位和电动势

电路分析中用到的另一个电量是电压。电压是衡量电场力做功能力的物理量，导体中要形成电流，必须要有电场的作用。图 1-4 中电源的两个极板 a 和 b 分别带有正、负电荷，在两个极板间存在着电场，其方向 a 指向 b。当用导线把负载与电源的正负极连接成一个闭合回路时，电源正、负极板上的正、负电荷在电场力的作用下，从正极 a 经导线和负载流向 b（实际是自由电子由负极移向正极），形成电流。

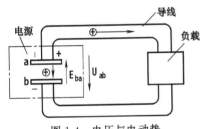

图 1-4 电压与电动势

定义：电场力把单位正电荷从 a 点移到 b 点所做的功，称为 a、b 两点间的电压，用符号 U_{ab} 表示。

在国际单位制中，电压的单位为伏特，简称伏（V）。除伏特外，常用的电压单位还有千伏（kV）、毫伏（mV）和微伏（μV），它们之间的换算关系为

$$1kV = 10^3 V = 10^6 mV = 10^9 \mu V$$

为了分析电路方便，常指定电路中的任意点为参考点。

定义：电场力把单位正电荷由 a 点移到参考点所做的功，称为 a 点的电位，用符号 V_a 表示。通常把参考点的电位规定为零电位，电位的单位也是 V。

可以证明：电路中任意两点间的电压等于两点电位差，即

$$U_{ab} = V_a - V_b \tag{1-4}$$

上式同时表明，电压的实际方向是从高电位点指向低电位点。电路中某点的电位，即是该点与参考点之间的电压。

当电路中任意两点间的电压实际方向不能判断或电压方向随时间变化时，可以选取任意点的极性为正，另一点为负，称为电压的参考极性。也可用箭标来表示电压的参考方向，如图 1-5 所示。分析电路时，可根据计算所得结果的正、负来确定电压的实际方向，判别方法与电流相同。

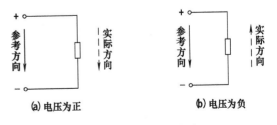

图 1-5 电压的参考方向

为了维持电流连续在电路中通过，在电源内部应存在着外力（在电池中外力由化学作用产生，在发电机中由电磁感应产生），把流到低电位 b 极的正电荷，移到高电位 a 极，外力做了功，把非电能转换成电能。外力把单位正电荷由 b 极移到 a 极所做的功，定义为电源的电动势，用符号 E 表示。

电动势是描述电源的物理量，其方向在电源内部由负极指向正极，也可用箭标在电路图中标明，如图 1-4 所示。在国际单位制中，电动势单位为 V。

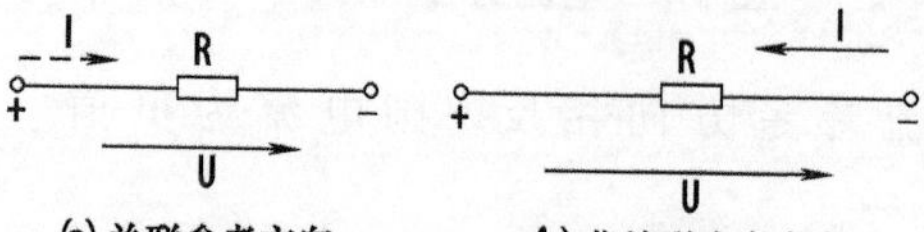

(a) 关联参考方向　　**(b) 非关联参考方向**

图 1-6　电压和电流的参考方向

电压参考方向的选定与电流参考方向的选定是独立无关的，但为了分析电路的方便，常把电路元件上的电压的参考方向和电流的参考方向选择一致，称为关联参考方向，如图 1-6（a）所示。当电压和电流的参考方向选择相反时，则称为非关联参考方向，如图 1-6（b）所示。

三、电功率和电能

电功率定义为单位时间内能量的变化，也就是能量对时间的导数，即

$$P = \frac{dW}{dt}$$

在直流电路中，若已知电路中某元件两端电压和电流，并且电压与电流为关联参考方向时，功率用符号 P 表示，则

$$P = UI \tag{1-5}$$

当计算所得功率值为正，即 $P > 0$ 时，表示元件实际吸收或消耗功率，属于负载性质；当计算出功率为负，即 $P < 0$ 时，表示元件实际产生或输出功率，属于电源性质。

如果电压和电流为非关联参考方向，功率表达式为

$$P = -UI \tag{1-6}$$

这样规定后，得到结果 $P > 0$ 仍表示实际吸收或消耗功率；$P < 0$ 表示元件产生的功率。

在国际单位制中，功率的单位是瓦特，简称瓦（W）。功率还可用千瓦（kW）、毫瓦（mW）作单位，它们之间的换算关系为

$$1kW = 10^3 W = 10^6 mW$$

当已知设备的功率为 P，则 t 秒钟内消耗的电能为

$$W = Pt \tag{1-7}$$

若功率的单位取 W，时间的单位取 s，则电能的单位为焦耳，简称焦（J）。

实际应用中，电能的单位用千瓦时（kW·h）作单位，俗称 1 度电。

$$1度 = 1kW·h = 1000W × 3600s = 3.6 × 10^6 J$$

例 1-1　如图 1-7 所示，电路中电流的参考方向已选定。已知 $I_a = 10A$，$I_b = -10A$，$I_c = 5A$，$I_d = -5A$，试指出电流的实际方向。

解　$I_a > 0$，I_a 的实际方向与参考方向相同，电流由 a 流向 b，大小为 10A。$I_b < 0$，I_b 的实际方向与参考方向相反，电流由 b 流向 a，大小为 10A。$I_c > 0$，I_c 的实际方向与参考方向相同，电流由 b 流向 a，大小为 5A。$I_d < 0$，I_d 的实际方向与参考方向相反，电流由 a 流向 b，大小为 5A。

例 1-2　在图 1-8 中，五个元件代表电源或负载，电压和电流的参考方向如图所示。已知：$I_1 = -2A$，$I_2 = 3A$，$U_1 = 70V$，$U_2 = -45V$，$U_3 = 30V$，$U_4 = 40V$，$U_5 = -15V$。试判断哪些元件是电源？哪些元件是负载？试计算各元件的功率，并检验功率的平衡。

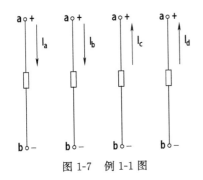

图 1-7　例 1-1 图

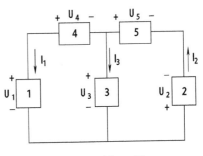

图 1-8　例 1-2 图

解　对于元件 1、2、3，电压和电流为关联参考方向，则它们的功率：

$$P_1 = U_1 I_1 = 70 \times (-2) = -140\text{W}$$

$$P_2 = U_2 I_2 = (-45) \times 3 = -135\text{W}$$

$$P_3 = U_3 I_3 = 30 \times 5 = 150\text{W}$$

对于元件 4、5 电压和电流为非关联参考方向，则有

$$P_4 = -U_4 I_1 = -40 \times (-2) = 80\text{W}$$

$$P_5 = -U_5 I_2 = -(-15) \times 3 = 45\text{W}$$

由计算结果可知：元件 1、2 功率为负，表示这两个元件产生功率，为电源；元件 3、4、5 功率为正，表示这三个元件消耗功率，为负载。

电源产生功率为 $(140 + 135)\text{W} = 275\text{W}$，负载消耗功率为 $(150 + 80 + 45)\text{W} = 275\text{W}$。可见在一个电路中，电源产生的功率和负载消耗的功率总是平衡的。

第三节　电路的元件

一、电阻元件

电阻元件是实际电阻器的理想化模型，常见的实际电阻器有金属膜电阻器、绕线电阻器及电阻炉和白炽灯等。虽然它们的外形及用途不同，但它们在电路中表现出来的主要性质是相同的，即在电路中有对电流的阻碍作用，并消耗电能。电阻元件有时简称电阻，用 R 表示。电路图中电阻元件符号如图 1-9 所示。

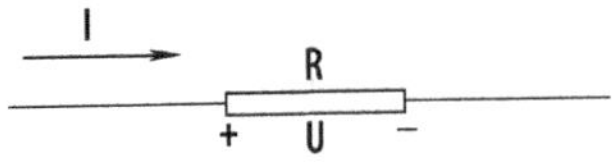

图 1-9　电阻元件的符号

由实验可知，电阻元件中通过电流与其两端电压成正比，即满足欧姆定律。如果电阻元件两端电压 U 和电流 I 为关联参考方向，如图 1-10（a）所示，则欧姆定律为

$$U = RI \tag{1-8}$$

若电压 U 和电流 I 为非关联参考方向，如图 1-10（b）所示，则欧姆定律为

$$U = -RI \tag{1-9}$$

在国际单位中，电阻的单位为欧姆（Ω）。除欧姆外，常用的电阻单位还有千欧（kΩ）、兆欧（MΩ）等。

把电阻元件两端电压值取为横坐标，流过电流值取为纵坐标，画出 U 与 I 的关系曲线，称为电阻元件的伏安特性曲线。如果伏安特性曲线是一条通过原点的直线，如图 1-11 所示，称此电阻元件为线性电阻元件。

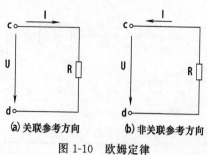

(a) 关联参考方向　(b) 非关联参考方向

图 1-10　欧姆定律

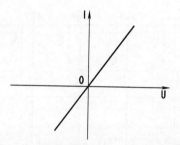

图 1-11　线性电阻元件伏安特性曲线

为叙述方便，在以后章节中，如无特殊说明，电阻元件均指线性电阻元件，简称电阻。这样"电阻"这一名词有时指电阻元件，有时指元件的参数。

当电压和电流为关联参考方向时，电阻元件消耗的功率为电阻两端电压与电流的乘积，即

$$P=UI=RI^2=\frac{U^2}{R} \tag{1-10}$$

由上式可知，电阻 R 为正实常数，功率 P 与电压 U^2 或 I^2 成正比，故功率 P 总是大于零的，所以任何时刻电阻元件均消耗电功率。它是一种耗能元件。

例 1-3　已知某白炽灯的额定电压是 220V，正常发光时的电流为 0.18A。试求白炽灯电阻。

解　根据欧姆定律

白炽灯电阻　　　　　　$$R=\frac{U}{I}=\frac{220}{0.18}=1222\Omega$$

二、电感元件

由物理学可知，当把导线绕制成线圈且通过电流时，在线圈中会产生磁场，该磁场具有

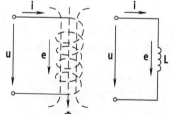

(a) 电感元件　(b) 电感元件符号

图 1-12　电感元件及其符号

一定的能量。在电工技术中，把这样的线圈称为电感线圈，电感元件就是从实际电感线圈中抽象出来的理想化元件。

当电感线圈通过电流 i 时，在线圈中产生磁通 Φ，如图 1-12（a）所示。若磁通 Φ 与线圈的 N 匝都交链，则

$$\Psi=N\Phi \tag{1-11}$$

Ψ 称为线圈的磁链，由于 Φ 与 Ψ 是由线圈本身通过电流 i 产生的，故称为自感磁通和自感磁链。磁链的大小和方向与线圈电流大小和方向有关，当 Φ 的方向与 i 的正方向符合右手螺旋定则，且线圈周围的媒介质为非铁磁物质时，电感元件的自感磁链 Ψ 与电流 i 的比值为

$$L=\frac{\Psi}{i} \tag{1-12}$$

式中，L 称为电感元件的自感或电感。当 L 为一常数时，元件称为线性电感元件。其电路图形符号如图 1-12（b）所示。

在国际单位制中，L 单位为亨利（H）。有时用毫亨（mH）和微亨（μH）作为电感的单位，它们之间的换算关系为

$$1H=10^3\,mH=10^6\,\mu H$$

电感元件内通过电流变化时，线圈中产生的磁通相应发生变化，根据电磁感应定律，线圈中会产生感应电动势。当感应电动势方向选取与电流方向一致，即与磁通符合右手螺旋定则时，电感元件两端产生的感应电动势为

$$e=-N\frac{d\Phi}{dt}=-L\frac{di}{dt} \tag{1-13}$$

式（1-13）反映了感应电动势的大小与该时刻通过线圈电流变化率成正比，而与该时刻电流的大小无关。负号表示感应电动势的方向和电流的变化趋势相反，即感应电动势形成电流阻碍线圈中电流的变化。在图 1-12（b）中，由于 u、e 参考方向一致，$u=-e$，则

$$u=L\frac{di}{dt}$$

电感元件工作在直流稳态电路时，由于通过元件电流恒定，电感元件两端感应电动势为零，因此在直流电路中，电感元件相当于短路。电感元件是可以储存磁场能量的元件，其储存的磁场能量为

$$W_L=\frac{1}{2}Li^2 \tag{1-14}$$

上式说明，电感元件在某时刻储存的磁场能量，与元件在该时刻流过电流的平方成正比。W_L 单位为 J。对于一个实际的线圈，因其绕制线圈导线具有一定电阻，当其电阻不能忽略时，可以把电感线圈用一个电感元件与电阻元件的串联来表示。

三、电容元件

电容元件是实际电容器的理想化模型，常用电容器有纸介电容器、瓷介电容器、电解电容器等。

电容器通常由两个极板中间隔以绝缘介质组成，图 1-13（a）是平板电容器的结构原理示意图。电容器两端加上电源后，两个极板上会分别聚集等量异号电荷。当电源断开后，电荷仍能聚集在电容器的两个极板上，保持内部电场继续存在。所以电容器是一种能够储存电场能量的元件，图 1-13（b）是电容器在电路中的一般表示符号。电容元件的电容量简称电容，其定义为：当电容元件极板上充有电荷为 q，端电压为 u，且参考方向规定由正极板指向

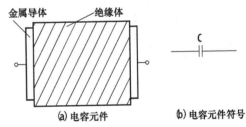

图 1-13　电容元件及其符号

负极板时（图 1-14），则极板上所带电量 q 与两极板间电压 u 的比值，称为电容元件的电容，用字母 C 表示，即

$$C=\frac{q}{u} \tag{1-15}$$

当 C 为一常量时，电容元件为线性电容，否则为非线性电容。本书只限讨论线性电容。

在国际单位制中，电容 C 的单位是法拉，简称法（F）。实用上法拉单位太大，故常用微法（μF）和皮法（pF）作单位，它们之间的换算关系为

$$1F=10^6\mu F=10^{12}pF$$

当电容元件两端电压发生变化时，极板上聚集的电荷

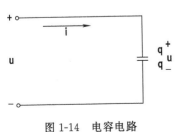

图 1-14　电容电路

也发生相应的变化，这时与电容元件相连的电路中就有电荷的定向移动，形成电流。当选定电容元件两端电压与电流为关联参考方向时，如图 1-14 所示，电流为

$$i = \frac{\mathrm{d}q}{\mathrm{d}t}$$

因为

$$q = Cu$$

所以

$$i = C\frac{\mathrm{d}u}{\mathrm{d}t} \tag{1-16}$$

上式反映了电容元件中电流与其两端电压之间的关系，表明电容元件中电流与其两端电压变化率成正比。只有当电容元件两端电压发生变化时，才会有电流通过。如果电压不变，那么 $\frac{\mathrm{d}u}{\mathrm{d}t} = 0$，即虽有电压，电流也为零。因此电容元件对于直流稳态电路，相当于断路，即电容元件有隔断直流的作用。

若电容元件极板上电荷增加，即 $\frac{\mathrm{d}q}{\mathrm{d}t} > 0$，则 $i > 0$，电流实际方向与参考方向相同，与此同时，电容两端电压增加，电容器充电。

当电容元件极板上电荷减少，即 $\frac{\mathrm{d}q}{\mathrm{d}t} < 0$，则 $i < 0$，电流的实际方向与参考方向相反，同时电容两端电压减少，电容器放电。

当电容器两个极板上存储一定量电荷时，电容器两极板间就建立起一个电场，则电容器储存的电场能量为

$$W_C = \frac{1}{2}Cu^2 \tag{1-17}$$

上式说明，电容元件在某时刻储存的电场能量，与元件在该时刻两端电压的平方成正比。W_C 的单位为 J。

第四节　电路的工作状态

电路在实际工作中，根据不同的需要和负载情况，通常具有三种工作状态，即负载状态、空载状态和短路状态。下面分别讨论电路工作在每一种状态的特点。

一、负载状态

图 1-15 所示为一简单直流电路。图中，U_S 与 R_S 串联表示一个实际电源的电路模型，R_L 表示负载。当开关 S 闭合时，电源向负载提供电流，并输出电功率，这时电路处于负载状态，电路中电流为

$$I = \frac{U_S}{R_S + R_L} \tag{1-18}$$

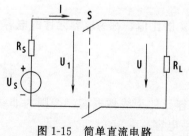

图 1-15　简单直流电路

上式说明，当电源 U_S 和 R_S 为定值时，电路中电流由负载 R_L 决定，R_L 增大，电流减小；反之电流增大。负载两端电压

$$U = R_L I = U_S - R_S I$$

如果忽略连接导线电阻，电源两端电压 $U_1 = U$。这表明当电路处于负载状态时，由于电源存在内阻 R_S，负载两端的电压总是小于电源电压 U_S。

负载状态下的功率关系为

$$P = UI = U_S I - I^2 R_S = P_S - \Delta P$$

式中，$P_S=U_SI$ 为电源产生的功率；$\Delta P=I^2R_S$ 为电源内阻上消耗的功率；$P=UI=I^2R_L$ 为负载消耗（或电源输出）的功率。

负载中有电流通过时，由于电阻消耗电能产生热量，会引起电气设备及导线温度升高。当温度过高时，会破坏绝缘材料的绝缘性能。另外，当电气设备所加电压过高时，也可能使设备的绝缘被击穿损坏；反之，如果电气设备外加电压过低，则使电气设备不能正常工作。

为了保证电气设备能安全、可靠和经济地工作，设计制造单位对生产产品规定了电压、电流及功率的使用数据，这些数据称为电气设备的额定值。额定值通常加下标 N 表示，如额定电压 U_N、额定电流 I_N、额定功率 P_N 等。电气设备处于额定工作状态时，能保证安全可靠、经济、合理地工作，并能确保电气设备的使用寿命。

电气设备或元器件的额定值，常标于铭牌上或写在说明书中。使用时应满足电气设备和元器件的各外部参数的额定要求，并正确理解其意义，以保证它们的正常工作。

必须指出：对于电阻性负载，如白炽灯、电阻炉等电气设备，只要工作在额定电压下，其电流及功率都将达到额定值。但对另一类设备，如电动机、变压器、焊接设备等，虽然在额定电压下工作，但其电流和功率可能达不到额定值，也可能超过额定值，其工作状态取决于所接负载，这在实际工作中是应该注意的。

二、开路状态

在图 1-15 中，开关 S 断开，电路中电流为零，电路处于开路状态，又称空载状态。电路开路时，电源的端电压称为开路电压，用 U_0 表示，其数值为电源电压 U_S，开路时，电源不输出电功率，内阻及负载上也没有功率的消耗。

综上所述，电路开路状态的特征可归纳为

$$I=0;U_1=U_0=U_S;P=P_S=\Delta P=0$$

三、短路状态

电路中不同电位的两点被导线连接，使两点间的电压为零，这种现象称为短路。图1-16所示为电源被短路的情况。

由于连接导体的电阻接近为零，电源内阻 R_S 值又很小，所以电路中会产生很大的短路电流 $I_S=\dfrac{U_S}{R_S}$。此时的电源电压 U_S 全部降在内阻 R_S 上，电源产生的电功率全部被电源内阻吸收，并转换成热能而消耗，使电源温度迅速上升以致损坏。

电路在短路状态时的特征可归纳为

$$U=0;I_S=\frac{U_S}{R_S};P_S=\Delta P=R_SI_S^2;P=0$$

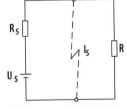

图 1-16　电源被短路

电路发生短路，会造成电气设备的损坏，甚至造成火灾事故，危害很大，应尽量加以避免。因此，常使用熔断器或自动开关等对电路进行短路保护，以便在发生短路事故时，迅速切除故障电路，确保电源和其他电气设备的安全运行。

第五节　基尔霍夫定律

欧姆定律确定了电阻元件两端电压与电流之间的约束关系，而在实际电路中还存在另外

一种约束关系。这种约束关系与元件本身具体性质无关，只与电路中各元件相互连接的结构

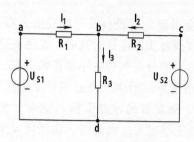

图 1-17　电路举例

有关。表示电路连接结构约束关系的是基尔霍夫的两个定律——基尔霍夫电流定律和基尔霍夫电压定律。

在阐述基尔霍夫定律之前，首先介绍一下电路中几个常用术语。

① 支路　电路中没有分支的一段电路称为支路，支路中流过的电流，称为支路电流。图 1-17 中有 bad、bd、bcd 三条支路。

② 节点　电路中三条或三条以上支路连接的点，称为节点。图 1-17 中有 b、d 两个节点。

③ 回路　电路中任意闭合路径称为回路。图 1-17 中有 abda、bcdb、abcda 三个回路。又把回路内不含支路的这种闭合回路称为网孔，图 1-17 中有 abda、bcdb 两个网孔。

一、基尔霍夫电流定律（KCL）

基尔霍夫电流定律简称 KCL，描述了连接在同一节点的各支路电流之间的关系，即在任意时刻，流入任意节点的电流之和等于流出节点的电流之和。对图 1-17 中节点 b 可写出

$$I_1 + I_2 = I_3 \tag{1-19}$$

或改写为

$$I_1 + I_2 - I_3 = 0$$

即

$$\sum I = 0 \tag{1-20}$$

所以，基尔霍夫电流定律又可表述为：在任意时刻，电路中任意节点电流代数和恒等于零。规定流入节点的电流取正号，流出节点的电流取负号。式 $I_1 + I_2 - I_3 = 0$ 称为基尔霍夫电流方程或节点电流方程。

基尔霍夫电流定律通常应用于节点，还可推广应用于电路中任意一个封闭面。该闭合面可以看作一个广义节点。图 1-18 所示晶体三极管电路，可以作一封闭面（虚线所示）包围晶体三极管，三极管 E、B、C 分别表示为发射极、基极和集电极，其电流参考方向如图中所示，应用基尔霍夫电流定律可列方程：$I_B + I_C - I_E = 0$。

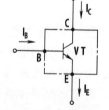

图 1-18　基尔霍夫电流定律的推广应用

应用基尔霍夫电流定律时，均按电流的参考方向列方程，电流 I 前的正、负号是由基尔霍夫电流定律根据电流的参考方向确定的。而电流 I 本身的正、负是指电流的参考方向与实际方向之间的关系。I 值为正，电流参考方向与实际方向相同；I 值为负，电流参考方向与实际方向相反。两者概念不同，在列方程时不要混淆。

二、基尔霍夫电压定律（KVL）

基尔霍夫电压定律简称 KVL，确定了电路中任意闭合回路中各段电压之间的关系，即在任意时刻，沿任一闭合回路的各支路电压的代数和恒等于零，即

$$\sum U = 0 \tag{1-21}$$

在列 KVL 方程时，首先要假设各支路电压的参考方向和回路的绕行方向，凡电压参考方向与回路绕行方向一致的取正号，相反的取负号。图 1-17 中，abda 回路的绕行方向为顺时针方向，电压和电流为关联参考方向，它的 KVL 方程为

$$R_1 I_1 + R_3 I_3 - U_{S1} = 0$$

基尔霍夫电压定律不仅适用电路中任意闭合回路，同样也可以把它推广应用于假想回路，即广义回路。在图 1-19 中对 ABOA 广义回路，按顺时针方向列 KVL 方程为

$$U_{AB}+U_B-U_A=0$$

由于基尔霍夫的两个定律反映了电路最基本的规律，所以它不仅适用于各种不同元件构成的直流电路，也适用于交流电路。

例 1-4　图 1-20 所示是某电路的一部分，各支路电流参考方向如图中所示。$I_1=2A$，$I_2=-4A$，$I_3=-1A$，试求 I_4。

解　由基尔霍夫电流定律可列方程

$$I_1-I_2+I_3-I_4=0$$

则 $2A-(-4A)+(-1A)-I_4=0$，故 $I_4=5A$。

例 1-5　电路如图 1-21 所示，各支路元件是任意的，已知：$U_{AB}=2V$，$U_{BC}=3V$，$U_{ED}=-4V$，$U_{AE}=6V$，试求 U_{CD} 和 U_{AD}。

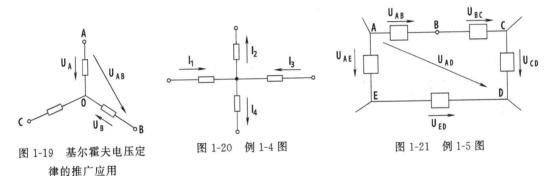

图 1-19　基尔霍夫电压定　　　图 1-20　例 1-4 图　　　　图 1-21　例 1-5 图
律的推广应用

解　选顺时针方向为回路的绕行方向，列 ABCDEA 回路的 KVL 方程得

$$U_{AB}+U_{BC}+U_{CD}-U_{ED}-U_{AE}=0$$
$$2V+3V+U_{CD}-(-4V)-6V=0$$
$$U_{CD}=-3V$$

当把 ABCDA 看成假想回路，取顺时针方向为回路的绕行方向，列 KVL 方程得

$$U_{AB}+U_{BC}+U_{CD}-U_{AD}=0$$
$$2V+3V+(-3V)-U_{AD}=0$$
$$U_{AD}=2V$$

第六节　电阻的连接

一、电阻的串联

电路中有两个或多个电阻顺序相连，没有分支，称为电阻的串联。图 1-22 （a）所示为两个电阻的串联电路。串联电路的特点介绍如下。

① 流过各串联电阻的电流相同。

② 串联电阻两端总电压等于各个电阻上电压的代数和：$U=U_1+U_2$。

③ 串联电路总电阻等于各串联电阻之和，即

$$R=R_1+R_2 \tag{1-22}$$

电阻 R 称为串联电阻 R_1、R_2 的等效电阻。所谓等效电阻就是把电路的一部分电阻用一

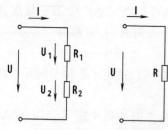

图 1-22 电阻的串联及其等效电路

个电阻来代替,电路的电压、电流关系不变,如图 1-22 (b) 所示。电路中电流为

$$I = \frac{U}{R} = \frac{U}{R_1 + R_2}$$

④ 各串联电阻的端电压为

$$U_1 = R_1 I = \frac{R_1}{R} U ; U_2 = R_2 I = \frac{R_2}{R} U \qquad (1-23)$$

式 (1-23) 称为串联电路的分压公式。在串联电路中,电阻的电压降与阻值是成正比的,电阻值越大,电阻两端的电压越大;反之,电阻值越小,电阻两端的电压越小。

串联电路的分压原理在实际中有广泛的应用,如用万用表测量电压,在测量不同电压时,就是通过改变其串联电路中不同的电阻来实现的。

二、电阻的并联

电路中有两个或多个电阻连接在两个公共节点之间,承受相同的电压,称为电阻的并联。图 1-23 (a) 所示为两个电阻的并联电路。并联电路的特点介绍如下。

① 各并联电阻两端电压相等。

② 并联电路的总电流等于流过各电阻电流之和,即

$$I = I_1 + I_2$$

③ 并联电路等效电阻 [见图 1-23 (b)]

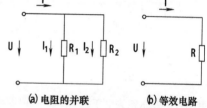

图 1-23 电阻的并联及其等效电路

$$\frac{1}{R} = \frac{1}{R_1} + \frac{1}{R_2} ; R = \frac{R_1 R_2}{R_1 + R_2} \qquad (1-24)$$

④ 电阻并联各分支电路电流

$$I_1 = \frac{U}{R_1} = \frac{R_2}{R_1 + R_2} I ; I_2 = \frac{U}{R_2} = \frac{R_1}{R_1 + R_2} I \qquad (1-25)$$

式 (1-25) 称为并联电路的分流公式。在并联电路中,流过电阻的电流值与电阻成反比,电阻的阻值越大,流过的电流越小;反之,电阻的阻值越小,流过的电流越大。

并联电路分流原理在实际中也有广泛的应用,如万用表测量电流,在测量不同电流时,就是通过改变其并联电阻来实现的。

实际电路中,一般负载都是并联使用的。因为负载在并联状态工作时,各负载两端电压相同,所以,任何一个负载的工作情况都不会影响其他负载,也不受其他负载的影响。

三、电阻的混联

既有电阻串联又有电阻并联的电路,称为混联电路。一般情况下,电阻混联电路组成的无源电路总可以用等效方法将电路中存在串联、并联部分电路逐步化简,最后化简成一个等效电阻。

图 1-24 (a) 所示为电阻混联电路,图 1-24 (b)、(c)、(d)、(e) 所示为依次逐步化简的等效电路图,AB 间等效电阻为 R_{AB},根据串联、并联电路的特点有

$$R' = R_3 + R_4$$

$R'' = R_5 /\!/ R'$　（"$/\!/$"表示电阻 R_5 和 R' 并联）

例 1-6　图 1-25 所示是万用表测量直流电压时的部分电路图。图中仅画出测量电压的两个量程。其中 $U_1 = 10\text{V}$，$U_2 = 250\text{V}$，已知表头的等效电阻 $R_a = 10\text{k}\Omega$，允许通过的最大电流 $I_a = 50\mu\text{A}$，求各串联电阻的阻值。

解　根据欧姆定律，可求出表头所能测量的最大电压为

$$U_a = R_a I_a = 10 \times 10^3 \times 50 \times 10^{-6} = 0.5\text{V}$$

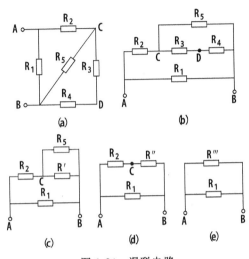

图 1-24　混联电路

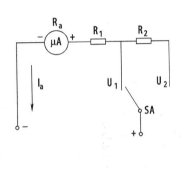

图 1-25　串联电阻扩大电压表的量程

当用其测量大于 0.5V 的电压时，就会把表头烧坏。根据题意要扩大量程；应在表头电路串联电阻，各阻值为

$$U_{R1} = U_1 - U_a = 10 - 0.5 = 9.5\text{V}$$

因 $U_{R1} = R_1 I_a$，故

$$R_1 = \frac{U_{R1}}{I_a} = \frac{9.5}{50 \times 10^{-6}}\Omega = 190\text{k}\Omega$$

又因 $U_{R2} = U_2 - U_1 = 250 - 10 = 240\text{V}$；$U_{R2} = R_2 I_a$

所以 $R_2 = \dfrac{U_{R2}}{I_a} = \dfrac{240}{50 \times 10^{-6}}\Omega = 4.8\text{M}\Omega$

第七节　支路电流法

实际电路结构多种多样，那些不能用串、并联等效变换方法化简成单一回路的电路称为复杂电路。图 1-26 所示的电路就是一个最简单的复杂电路。

在计算复杂电路的多种方法中，支路电流法是求解电路的最基本方法。这种方法是以支路电流为未知量，应用基尔霍夫电流定律、电压定律，对电路中节点和回路列出求解支路未知电流所必需方程，联立求解方程组，求出未知各支路电流。以图 1-26 所示的电路为例，说明支路电流法解题的具体步骤。

根据各支路电流参考方向，应用基尔霍夫电流

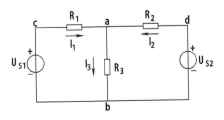

图 1-26　支路电流法

定律列出节点电流方程。

$$节点\ a：I_1+I_2-I_3=0$$
$$节点\ b：-I_1-I_2+I_3=0$$

显然，上述两个式子是相同的，所以对具有两个节点的电路，只能列出一个独立的节点电流方程。推理，具有 n 个节点的电路，只能列出 $n-1$ 个独立的节点电流方程。

根据基尔霍夫电压定律列回路电压方程。

cabc 回路（绕行方向为顺时针方向）：$R_1I_1+R_3I_3-U_{S1}=0$

dabd 回路（绕行方向为逆时针方向）：$R_2I_2+R_3I_3-U_{S2}=0$

cadbc 回路（绕行方向为顺时针方向）：$R_1I_1-R_2I_2+U_{S2}-U_{S1}=0$

例 1-7 图 1-26 中，已知 $U_{S1}=130V$，$U_{S2}=117V$，$R_1=1\Omega$，$R_2=0.6\Omega$，$R_3=24\Omega$，求各支路电流。

解 电流参考方向如图 1-26 所示，根据上述节点及网孔绕行方向列方程：

$$I_1+I_2-I_3=0$$
$$R_1I_1+R_3I_3-U_{S1}=0$$
$$R_2I_2+R_3I_3-U_{S2}=0$$

代入数据得

$$I_1+I_2-I_3=0$$
$$I_1+24I_3=130$$
$$0.6I_2+24I_3=117$$

解方程组得 $\qquad I_1=10A，I_2=-5A，I_3=5A$

综上所述，用支路电流法求解支路电流的步骤如下。

① 在电路图中假定各支路电流的参考方向和网孔的绕行方向。

② 根据基尔霍夫电流定律，列出独立的节点电流方程（如有 n 个节点，则有 $n-1$ 个独立的节点电流方程）。

③ 根据基尔霍夫电压定律，按照假定的绕行方向列出网孔的回路电压方程。

④ 联立求解方程组，求出各支路未知电流。

⑤ 检验结果。

习　题

一、填空

1. 一般电路可以看成是由_____、_____和_____三部分组成。

2. 电路通常有_____、_____、_____三种状态。

3. 电荷的_____移动形成电流，电流用符号_____或_____表示。

4. 电流表必须_____接到被测量的电路中，直流电流表测电流时，接线柱上标明的"＋"应该接电流的_____端，"－"应该接电流的_____端。

5. 电压表必须_____接到被测的电路的两端，电压表的_____端接高电位，_____端接低电位。

6. 对电源来说，既有电动势，又有端电压，电动势只存在于电源_____部，其方向由_____极指向_____极，端电压只存在于电源的_____部，只有当电源_____时，电源的端电压与电源的电动势才相等。

7. 全电路欧姆定律的内容是：在全电路中，电流的大小与_____成正比，与_____成反比。

8. 一个电路中，既有电阻的_____，又有电阻的_____，这种连接方式称混联。

9. 将"220V，40W"和"220V，60W"的灯泡并联在220V的电路中，_____灯泡亮些，若将它们串联在220V的电路中，_____灯泡亮些。

二、选择

1. 电路中任意两点电位的差值称为（   ）。

A. 电动势   B. 电压   C. 电位

2. 电路中两点间的电压高，则（   ）。

A. 这两点的电位都高   B. 这两点的电位差大   C. 这两点的电位都大于零

3. 图1-27所示电路中，$E=1.5V$，若以C为参考点，$U_A=3V$，若以B为参考点，则U_A和U_{AC}分别是（   ）。

A. 3V   1.5V   B. 1.5V   3V   C. 3V   3V   D. 1.5V   1.5V

4. 图1-28所示电路中，当开关S闭合时，A点的电位是（   ）；当开关S断开时，A点的电位是（   ）。

A. 0V   B. 3V   C. 8V   D. 15V

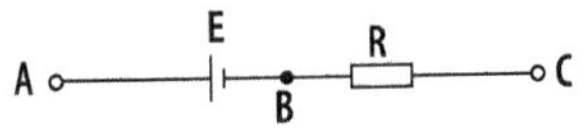

图1-27   选择题3图 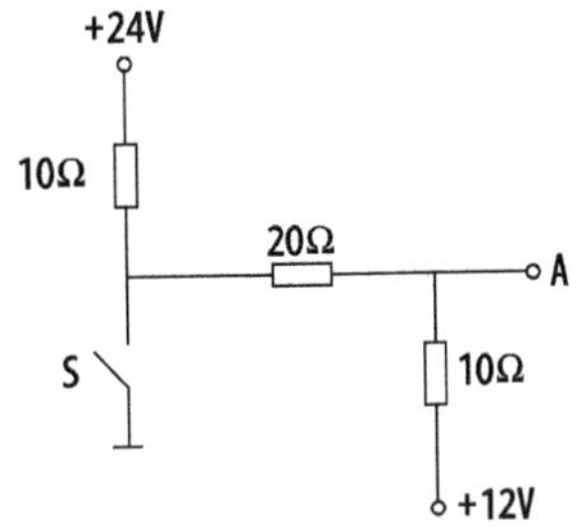   图1-28   选择题4图

5. 由欧姆定律变换式 $R=U/I$ 可知，一段导体的电阻与其两端所加的（   ）。

A. 电压成正比   B. 电流成正比

C. A和B说法都对   D. A和B说法都不对

6. 有三只电阻，阻值均为R，若两只电阻串联后再与另一只电阻并联，则总电阻为（   ）。

A. 1/3R B. 2/3R C. 3R D. R

7. 某电路的计算结果是：$I_2=2A$，$I_3=-3A$，它表明（   ）。

A. 电流I_2与电流I_3方向相反   B. 电流I_2大于电流I_3

C. 电流I_3大于电流I_2 D. 电流I_3的实际方向与参考方向相同

8. 某导体的电阻是1Ω，通过它的电流是2A，那么1min内电流所做的功为（   ）。

A. 1J   B. 60J   C. 120J   D. 240J

三、判断

1. 电源内部电子在外力作用下由负极移向正极。（   ）

2. 在电路中两点间的电压等于这两点的电位差，所以两点间的电压与参考点的选择有关。（　　）

3. 电阻大的导体，电阻率一定大。（　　）

4. 在电阻分压电路中，电阻值越大，其两端分得的电压就越高。（　　）

四、问答与计算

1. 电气设备额定值的含义是什么？

2. 已知 $U_{AB}=20V$，$U_{BC}=40V$，若以 C 点为参考点，则 V_A 和 V_B 各为多少？

3. 电路如图 1-29 所示，外电阻 $R_2=R_3=4\Omega$。开关 S 闭合时电压表的读数是 2.9V，电流表的读数是 0.5A；S 断开时电压表的读数是 3V。求：①电源的电动势和内阻；②外电路电阻 R_1。

4. 有三只电阻串联后接到电源的两端，已知 $R_1=2R_2$，$R_2=3R_3$，R_2 两端的电压为 10V，求电源两端的电压是多少？（设电源内阻为零）

5. 电路如图 1-30 所示，电流表 PA_1 的读数为 9A，电流表 PA_2 的读数为 3A，$R_1=4\Omega$，$R_2=6\Omega$，计算电阻 R_3 的阻值。

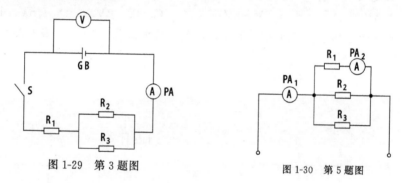

图 1-29　第 3 题图　　　　图 1-30　第 5 题图

6. 输电线的电阻共计 1Ω，输送的电功率为 100kW，用 400V 的电压送电，输电线上发热损失的功率是多少？改用 10kV 的高压送电呢？

第二章 正弦交流电路

大小和方向随时间周期性变化的电动势、电压和电流统称为交流电。在现代生产和生活中，交流电得到广泛的应用。交流电与直流电相比，具有如下突出优点：首先，交流电压的改变比较容易，而在长距离输电过程中，输送同样的功率，电压越高，功率损失越小，在使用交流电时，为保证人身和设备安全，可用变压器实现低压供电；其次，交流电力系统目前广泛采用三相制供电方式，输电成本较低；最后，由三相交流电源供电的三相异步电动机结构简单、价格便宜，使用维护方便。

本章主要介绍正弦交流电的特征，讨论交流电路中不同于直流电路的一些特有的概念和分析方法，重点叙述不同参数和不同结构的一些基本交流电路中，电压与电流的关系以及能量的转换和功率的计算方法。

第一节 正弦交流电的三要素

在对正弦交流电路分析时，有时需要画出电压、电流的波形，或写出它们的解析式。因此，应该了解这些正弦量变化的快慢、大小和初始值，以确定每个正弦量的特征。而正弦量变化的快慢是由其频率（或周期）来决定的，正弦量的大小是由其最大值（或有效值）决定，正弦量的初始值是由其初相位决定。所以称频率（或周期）、最大值（或有效值）、初相位（或相位）为表征某一正弦量特征的三要素。

一、周期与频率

交流电每重复变化一个完整的波形所需要的时间称为周期，用 T 表示，其单位是秒（s），如图 2-1 所示。交流电每秒钟重复变化的次数称

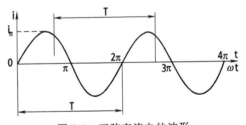

图 2-1 正弦交流电的波形

为频率，用 f 表示，其单位是赫兹（Hz），它与周期互为倒数，即

$$f = \frac{1}{T} \tag{2-1}$$

我国和大多数国家采用 50Hz 的正弦交流电，有些国家（如美国、日本）采用 60Hz。这种频率在工业上应用最广，所以也称为工业频率（工频）。通常的交流电动机、交流弧焊机、交流电器和照明负载都采用这种频率。在不同的技术领域内，使用不同的频率。例如，高频感应炉的频率为 $200\sim300\text{kHz}$，无线电工程上用的频率高达 $10^4\sim30\times10^{10}\text{Hz}$。

正弦交流电变化的快慢除用周期和频率表示外，还可用角频率 ω 表示。因为一周期经历了 2π 的电角度（图 2-1），所以角频率为

$$\omega = \frac{2\pi}{T} = 2\pi f \tag{2-2}$$

角频率的单位是弧度/秒（rad/s）。

二、幅值与有效值

交流电在变化过程中，每一时刻的值都不同。正弦量在任一瞬时的值称为瞬时值，用小写字母表示，例如 i、u、e 分别表示电流、电压和电动势的瞬时值。瞬时值是时间的函数。瞬时值中最大的值称为幅值或最大值，用带下标 m 的大写字母表示；如 I_m、U_m、E_m 分别表示电流、电压、电动势的最大值。

图 2-1 是正弦电流的波形，它的数学表达式为

$$i = I_m \sin\omega t \tag{2-3}$$

正弦电流、电压和电动势的大小往往不是用它们的幅值，而是常用有效值（均方根值）来计量和表示的。

有效值是根据电流的热效应来规定的，即：某一交流电流通过电阻 R 在一个周期内产生的热量，与另一直流电流通过相同电阻在相同的时间内产生的热量相等，则此直流电流的数值就作为交流电流的有效值。按照规定，交流电的有效值用相应的大写字母表示，如交流电流的有效值、交流电压的有效值和交流电动势的有效值分别用 I、U 和 E 表示。可以证明

$$I = \frac{I_m}{\sqrt{2}} = 0.707I_m, U = \frac{U_m}{\sqrt{2}} = 0.707U_m, E = \frac{E_m}{\sqrt{2}} = 0.707E_m \tag{2-4}$$

三、初相位

正弦量是随时间变化的，要确定一个正弦量还需从计时的起点（$t=0$）上看。所取的计时起点不同，正弦量的初始值（$t=0$ 时的值）就不同，达到幅值或某一特定值所需时间也不同。如果计时起点取正弦量的上升零值，则正弦量（图 2-1）表示为 $i = I_m \sin\omega t$。在这种情况下，该正弦量的初始值为零。

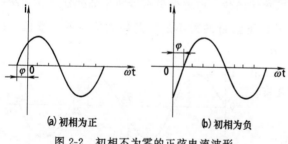

如果计时起点不是取上升零点，而从波形上任选一点作为计时起点，则该正弦量表示为

$$i = I_m \sin(\omega t + \varphi) \tag{2-5}$$

此时电流波形如图 2-2 所示。在这种情况下，初始值 $i(0) = I_m \sin\varphi$ 不等于零。φ 角可以在纵轴的左侧，此时 φ 为

(a) 初相为正　　　(b) 初相为负

图 2-2　初相不为零的正弦电流波形

正，也可以在纵轴的右侧，此时 φ 为负，规定 $|\varphi| \leqslant \pi$。

上两式中的角度 ωt 和 $\omega t + \varphi$ 称为正弦量的相位角或相位。$t=0$ 时的相位角称为初相角或初相位，简称初相。在式（2-3）中初相为零；在式（2-5）中初相为 φ。

在同一个正弦电路中，电压 u 和电流 i 的频率是相同的，但初相位不一定相同，图 2-3 中 u 和 i 的波形可用下式表示：

$$u = U_m \sin(\omega t + \varphi_u)$$

$$i = I_m \sin(\omega t + \varphi_i)$$

u 的初相为 φ_u，i 的初相为 φ_i。

两个同频率正弦量的相位角或初相角之差称为相位差或相角差，用 φ 表示。在上述两式中，u 和 i 的相位差为

$$\varphi = (\omega t + \varphi_u) - (\omega t + \varphi_i) = \varphi_u - \varphi_i \tag{2-6}$$

当两个同频率正弦量的计时起点改变时，即图 2-3 的纵轴左右移动时，u 与 i 的相位和初相都跟着改变，但两者之间的相位差仍保持不变。

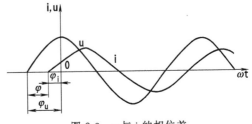

图 2-3　u 与 i 的相位差

由图 2-3 所示的正弦波可知，因为 u 与 i 的初相不同（不同相），所以它们的变化步调是不一致的，即不是同时达到正的幅值或零值。图中，u 比 i 先达到正的幅值，这时可说，在相位上 u 比 i 超前 φ 角，或者说 i 比 u 滞后 φ 角。

例 2-1　已知 $i_1 = 10\sin\left(314t + \dfrac{\pi}{2}\right)$A，$i_2 = 6\sin\left(314t + \dfrac{\pi}{4}\right)$A，求 i_1 与 i_2 的角频率、周期、频率、幅值、有效值、初相位和相位差并作图。

解　根据题意可得

$$\omega = 314\text{rad/s}, T = 2\pi/\omega = 2\times 3.14/314 = 0.02\text{s}$$

$$f = 1/T = 1/0.02 = 50\text{Hz}$$

$$I_{1m} = 10\text{A}, I_1 = 10/\sqrt{2} = 7.07\text{A}$$

$$I_{2m} = 6\text{A}, I_2 = 6/\sqrt{2} = 4.24\text{A}$$

$$\varphi_1 = \pi/2, \varphi_2 = \pi/4, \varphi = \varphi_1 - \varphi_2 = \pi/2 - \pi/4 = \pi/4$$

第二节　单一参数正弦交流电路

交流电路中，电压、电流的方向是变化的，因此电路图中所标的电压、电流的方向是参考方向，即交流电在某一瞬时的方向。如果交流电在某一瞬时的实际方向与其参考方向相同，则该时刻的瞬时值为正，反之为负。交流电路的计算不但要确定电压、电流的大小，而且还必须确定它们之间的相位关系。另外，交流电路中的元件（电阻、电感、电容），为便于分析和计算，应看成是单一参数的元件。

一、纯电阻元件交流电路

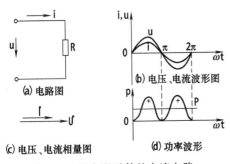

图 2-4　纯电阻元件的交流电路

图 2-4（a）是一个纯电阻元件的交流电路，电压和电流的参考方向如图所示，两者之间的关系由欧姆定律确定，即

$$u = iR \text{ 或 } i = \frac{u}{R} \tag{2-7}$$

为分析方便起见，选择正弦电流过零值并将向正值增加的瞬时作为计时起点，即令 i 的瞬时值初相为零，则有

$$i = I_m\sin\omega t$$

所以

$$u = iR = I_m R\sin\omega t = U_m\sin\omega t \tag{2-8}$$

也是一个正弦量。

式中，$U_m = I_m R$。

比较上列两式可以看出，在纯电阻元件的交流电路中，电流与电压同相位（即相位差

$\varphi=0$），表示电压和电流的正弦波形如图 2-4（b）所示。

由上述分析可知，在纯电阻元件交流电路中，电压的幅值（或有效值）与电流的幅值（或有效值）之比，等于电阻 R，即

$$R=\frac{U_{\mathrm{m}}}{I_{\mathrm{m}}}=\frac{U}{I} \tag{2-9}$$

如用相量表示电压与电流的关系，则为

$$\dot{U}_{\mathrm{m}}=\dot{I}_{\mathrm{m}}R,\dot{U}=\dot{I}R$$

$$\frac{\dot{U}}{\dot{I}}=R \tag{2-10}$$

电压和电流的相量图如图 2-4（c）所示。

最后来分析电路中的功率。在任意瞬间，电压的瞬时值 u 与电流的瞬时值 i 的乘积，称为瞬时功率，用小写字母 p 表示，即

$$p=ui=U_{\mathrm{m}}I_{\mathrm{m}}\sin^2\omega t=\frac{U_{\mathrm{m}}I_{\mathrm{m}}}{2}(1-\cos2\omega t)$$

$$=UI(1-\cos2\omega t)=UI-UI\cos2\omega t \tag{2-11}$$

由式（2-11）可见，p 由两部分组成，第一部分是常数 UI，第二部分是幅值为 UI，并以 $2\omega t$ 的角频率随时间变化的交变量 $UI\cos2\omega t$。p 随时间变化的波形如图 2-4（d）所示。

由于在纯电阻元件的交流电路中，u 与 i 同相，它们同时为正，同时为负，所以瞬时功率总是正值，即 $p\geqslant0$。瞬间功率为正，这表示电阻从电源取用电能，并转换为热能。这是一种不可逆的能量转换过程。电阻从电源取用的电能为

$$W=Pt$$

式中，P 为平均功率。

在电阻元件电路中，平均功率为

$$P=UI=I^2R=\frac{U^2}{R} \tag{2-12}$$

例 2-2 把一个 100Ω 的电阻元件接到频率为 $50\mathrm{Hz}$、电压有效值为 $220\mathrm{V}$ 的正弦电源上，问电流是多大？功率为多少？如电压保持不变，而电源的频率改为 $50000\mathrm{Hz}$，这时电流将为多大？功率为多少？

解 因为纯电阻与频率无关，所以电压值保持不变时，电流有效值与平均功率均不变，即

$$I=\frac{U}{R}=\frac{220}{100}=2.2\mathrm{A}$$

$$P=UI=220\times2.2=484\mathrm{W}$$

二、纯电感元件交流电路

一个线圈的电阻若小到可以忽略不计，则这种线圈可以被认为是纯电感线圈，当把它与电源相接后，就组成了纯电感电路。

纯电感电路中如果加直流电压，则因其电阻为零，所以将呈现短路状态；如果加正弦交流电压，则电路中将有正弦电流通过。

当电感线圈通过交流 i 时，其中产生自感电动势 e_L。设电流 i、电动势 e_L 和电压 u 的参考方向如图 2-5（a）所示。

根据基尔霍夫电压定律，有 $u = -e_L = L\dfrac{\mathrm{d}i}{\mathrm{d}t}$

设电流相量为参考相量，令其初相为零，有

$$i = I_\mathrm{m}\sin\omega t$$

则

$$u = L\frac{\mathrm{d}(I_\mathrm{m}\sin\omega t)}{\mathrm{d}t} = I_\mathrm{m}\omega L\cos\omega t$$
$$= I_\mathrm{m}\omega L\sin(\omega t + 90°)$$
$$= U_\mathrm{m}\sin(\omega t + 90°) \qquad (2\text{-}13)$$

显然，电压为同频率的正弦量。

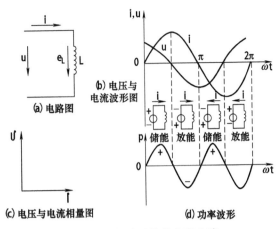

图 2-5　纯电感元件的交流电路

比较上列 i 与 u 的数学表达式可知，在纯电感元件交流电路中，在相位上电压比电流超前 $90°$（$\varphi = +90°$）。表示电压 u 与电流 i 的波形如图 2-5（b）所示。

在式（2-13）中，有

$$U_\mathrm{m} = I_\mathrm{m}\omega L \qquad (2\text{-}14)$$

由此可知，在纯电感元件交流电路中，电压的幅值（或有效值）与电流的幅值（或有效值）之比为 ωL。显然，它的单位为欧姆（Ω）。当电压 U 一定时，ωL 越大，则电流 I 越小。可见它具有阻碍交流电流的性质，故称为感抗，用 X_L 表示，即

$$X_L = \omega L = 2\pi f L \qquad (2\text{-}15)$$

感抗 X_L 与 L 成正比，与频率 f 成正比。因此，当 L 一定时，电感对频率越高的电流阻碍作用越大，而对直流电流因其 $f = 0$（$X_L = 0$），故电感对直流相当于短路。这就是所谓电感的"隔交通直"作用。

应该注意，$X_L = U_\mathrm{m}/I_\mathrm{m} = U/I$，但 $X_L \ne u/i$。因为电感电路与电阻电路不同，这里 u 与 i 之间不成正比关系，而是导数关系。

用相量表示电压与电流的关系，则

$$\dot{U} = \mathrm{j}\,\dot{I}\,X_L = \mathrm{j}\,\dot{I}\,\omega L \qquad (2\text{-}16)$$

式（2-16）表示电压的有效值等于电流的有效值与感抗的乘积，在相位上电压比电流超前 $90°$。电压与电流的相量图如图 2-5（c）所示。

知道了电压 u 和电流 i 的变化规律和相互关系后，便可找出瞬时功率的变化规律，即

$$p = ui = U_\mathrm{m}\sin(\omega t + 90°)I_\mathrm{m}\sin\omega t$$
$$= UI\sin 2\omega t \qquad (2\text{-}17)$$

由上式可见，p 是一个幅值为 UI、以 2ω 的角频率随时间变化的交变量，其波形如图 2-5（d）所示。

由图 2-5（d）可知，纯电感元件交流电路的平均功率 $P = 0$。这说明在纯电感元件的交流电路中，没有能量消耗，只有电源与电感元件间的能量交换。这种能量交换的规模用无功功率 Q_L 来衡量。定义

$$Q_L = U_L I = I^2 X_L \qquad (2\text{-}18)$$

无功功率的单位是乏（var）或千乏（kvar）。相对于无功功率 Q，平均功率 P 也可称为

有功功率。

在交流电路中，一般不采用电阻作为限流元件，因为电阻消耗电能，而多采用电感作为限流元件，如日光灯、电焊机、交流电动机启动器都采用电感线圈作为限流元件。

三、纯电容元件交流电路

纯电容元件是指具有电容 C，完全没有能量损耗的元件。图 2-6 （a）是一个电容器与正弦电源连接的电路，电路中的电流 i 和电容器两端的电压 u 的参考方向如图 2-6 （b）所示。当电压发生变化时，电容器极板上的电荷量也要随着发生变化，在电路中就形成电流

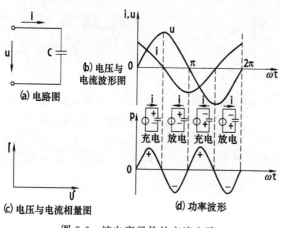

图 2-6 纯电容元件的交流电路

$$i = \frac{dq}{dt} = C\frac{du}{dt}$$

如果在电容器的两端加一正弦电压 $u = U_m\sin\omega t$，则

$$i = C\frac{d(U_m\sin\omega t)}{dt} = U_m\omega C\cos\omega t$$

$$= U_m\omega C\sin(\omega t + 90°)$$

$$i = I_m\sin(\omega t + 90°) \qquad (2\text{-}19)$$

电流 i 与电压 u 为同频率的正弦量。

比较上列两式可知，在纯电容元件交流电路中，在相位上电流比电压超前 90°。表示电压与电流的正弦波形如图 2-6 （b）所示。

在式（2-19）中

$$I_m = U_m\omega C$$

或

$$\frac{U_m}{I_m} = \frac{U}{I} = \frac{1}{\omega C} \qquad (2\text{-}20)$$

由此可知，在纯电容元件交流电路中，电压的幅值（或有效值）与电流的幅值（或有效值）之比为 $\frac{1}{\omega C}$。显然，它的单位为 Ω。当电压 U 一定时，$\frac{1}{\omega C}$ 越大，则电流 I 越小。可见它具有阻碍交流电流的性质，故称为容抗，用 X_C 表示，即

$$X_C = \frac{1}{\omega C} = \frac{1}{2\pi fC} \qquad (2\text{-}21)$$

容抗 X_C 与 C 成反比，与频率 f 成反比。因此，当 C 一定时，频率越高的电流越易通过电容，即电容元件对高频电流呈现的容抗很小，而对 $f = 0$ 的直流，所呈现的容抗 $X_C \to \infty$，可视为开路。这就是电容的所谓"隔直通交"作用。

应该注意，$X_C = U_m/I_m = U/I$，但 $X_C \neq u/i$。因为电容电路与电阻不同，在这里 u 与 i 之间不是成正比关系，而是积分关系。

如用相量表示电压与电流的关系，则

$$\dot{U} = -jIX_C = -j\frac{\dot{I}}{\omega C} \qquad (2\text{-}22)$$

或

$$\frac{\dot{U}}{\dot{I}} = -jX_C$$

式（2-22）表示电压的有效值等于电流的有效值与容抗的乘积，在相位上电压比电流滞后 90°。电压与电流的相量图如图 2-6（c）所示。

知道了电压 u 和电流 i 的变化规律和相位关系后，便可找出瞬时功率的变化规律，即

$$p = ui = U_m \sin\omega t I_m \sin(\omega t + 90°) = U_m I_m \sin\omega t \cos\omega t$$

$$= \frac{U_m I_m}{2} \sin2\omega t = UI \sin2\omega t \tag{2-23}$$

由上式可见，p 是一个幅值为 UI，并以 2ω 的角频率随时间变化的交变量，其波形如图 2-6（d）所示。

由图 2-6（d）可知，纯电容元件交流电路的平均功率 $P = 0$。这说明在纯电容元件的交流电路中，没有能量消耗，只有电源与电容元件间的能量交换。这种能量交换的规模用无功功率 Q_C 来衡量。定义

$$Q_C = U_C I = I^2 X_C \tag{2-24}$$

无功功率的单位为 var。

第三节　电阻、电感、电容元件串联的交流电路

电阻、电感、电容元件串联的交流电路，简称 RLC 串联电路，其电路如图 2-7（a）所示。

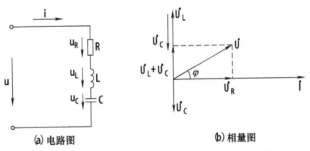

(a) 电路图　　　　　(b) 相量图

图 2-7　电阻、电感与电容元件串联的交流电路

电路的各元件通过同一电流，电流与各个电压的参考方向如图中所示。分析这种电路可以应用前一节所得的结果。

由基尔霍夫电压定律可列出

$$u = u_R + u_L + u_C$$

设电流为参考相量，令其初相为零，有

$$i = I_m \sin\omega t$$

根据前一节知，电阻元件上的电压 u_R 与电流 i 同相，电感元件的电压 u_L 比电流 i 超前 90°，电容元件上的电压 u_C 比电流 i 滞后 90°。作出电压与电流的相量图，如图 2-7（b）所示。

由相量图可得

$$U = \sqrt{U_R^2 + (U_L - U_C)^2} = \sqrt{(IR)^2 + (IX_L - IX_C)^2} = I\sqrt{R^2 + (X_L - X_C)^2}$$

也可写为

$$\frac{U}{I} = \sqrt{R^2 + (X_L - X_C)^2} = |Z| \tag{2-25}$$

$|Z|$ 称为 RLC 串联电路的阻抗，它具有对交流电流起阻碍作用的性质，其单位也是 Ω。

式（2-25）所示的 $|Z|$、R 和 $X_L - X_C$ 三者之间的关系也可用一个直角三角形——阻抗三角形来表示，如图 2-8 (a) 所示。

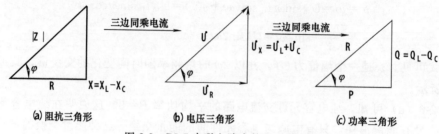

（a）阻抗三角形　　　　　　（b）电压三角形　　　　　　（c）功率三角形

图 2-8　RLC 串联电路中的三个三角形

至于电源电压 u 与电流 i 之间的相位差 φ 可以从电压三角形［图 2-8 (b)］或阻抗三角形得出，即

$$\varphi = \arctan \frac{U_L - U_C}{U_R} = \arctan \frac{X_L - X_C}{R} \tag{2-26}$$

显然 φ 角的大小是由电路的参数决定的。在一定的频率下，如果 $X_L > X_C$，则 $\varphi > 0$，说明电路总电压 u 超前电流 i，此种情况电路呈电感性。如果 $X_L < X_C$，则 $\varphi < 0$，电路总电压 u 滞后电流 i，电路呈电容性。如果 $X_L = X_C$ 则 $\varphi = 0$，电路总电压 u 与电流 i 同相，电路呈纯电阻性。

在分析和计算交流电路时，必须时刻记住相位的概念。在 RLC 串联交流电路中有四个电压，四个电压的相位不一定相同。电源电压应等于电阻电压、电感电压和电容电压的相量和，如果写成 $U = U_R + U_L + U_C$，显然是不对的。

如用相量表示电压与电流的关系，则为

$$\dot{U} = \dot{U}_R + \dot{U}_L + \dot{U}_C = \dot{I}R + j\,\dot{I}X_L - j\,\dot{I}X_C = \dot{I}\,[R + j(X_L - X_C)] \tag{2-27}$$

或

$$\frac{\dot{U}}{\dot{I}} = R + j(X_L - X_C) \tag{2-28}$$

上式中 $R + j(X_L - X_C)$ 称为电路的复阻抗，用大写字母 Z 表示，即

$$Z = R + j(X_L - X_C) = |Z|\ \angle \varphi \tag{2-29}$$

式中，$|Z|$ 为复阻抗的模，也称为电路的阻抗。

下面讨论 RLC 串联交流电路的功率。

在知道电压 u 和电流 i 的变化规律和相互关系后，便可求出瞬时功率，即

$$p = ui = U_m \sin(\omega t + \varphi) I_m \sin \omega t$$

因为

$$\sin(\omega t + \varphi) \sin \omega t = \frac{1}{2} \cos \varphi - \frac{1}{2} \cos(2\omega t + \varphi)$$

及

$$\frac{U_m I_m}{2} = UI$$

所以

$$p = UI \cos \varphi - UI \cos(2\omega t + \varphi)$$

由于电阻元件要消耗电能，电路相应的平均功率为

$$P = \frac{1}{T} \int_0^T p\, dt = UI \cos \varphi$$

由电压三角形〔图 2-8（b）〕可得出

$$U\cos\varphi = U_R = IR$$

所以

$$P = U_R I = I^2 R = UI\cos\varphi \tag{2-30}$$

而电感元件与电容元件要储放能量，即它们与电源之间要进行能量的交换。考虑到 $\dot{U}_L$ 与 $\dot{U}_C$ 相位相反，于是 RLC 串联交流电路的无功功率为

$$Q = Q_L - Q_C = U_L I - U_C I = (U_L - U_C)I = I^2(X_L - X_C)$$
$$= I^2 X = U_X I = U\sin\varphi I = UI\sin\varphi \tag{2-31}$$

式中，$X = X_L - X_C$ 称为电抗；$U_X = U_L - U_C$ 为电抗电压。

由此可见，电路所具有的参数不同，则电压与电流之间的相位差 φ 就不同，在电压 U 和电流 I 相同的情况下，电路的有功功率（平均功率）和无功功率也就不同。式（2-30）中的 $\cos\varphi$ 称为功率因数。

在交流电路中，平均功率一般不等于电压有效值与电流有效值的乘积，但定义二者的乘积为视在功率 S，即

$$S = UI = I^2|Z| \tag{2-32}$$

视在功率的单位是伏安（V·A）或千伏安（kV·A）。变压器的容量就是以额定视在功率定义的。

有功功率 P、无功功率 Q、视在功率 S 之间的关系为

$$S = \sqrt{P^2 + Q^2} \tag{2-33}$$

显然，它们也可用一个三角形——功率三角形表示，如图 2-8（c）所示。

第四节　三相交流电路

三相交流电路在生产中应用最为广泛，目前几乎全部的电能生产、输送和分配都采用三相电路。其原因是三相交流电路与单相交流电路相比有两大优点：首先，在输送功率相同、电压相同、距离和线路损失相等的情况下，采用三相电路可以节省大量的输电线；其次，生产上广泛使用的三相交流电动机是以三相交流作为电源的，这种电动机与单相电动机相比，具有结构简单、工作可靠、价格低廉等优点。

因此，在单相交流电路的基础上，进一步研究三相交流电路，具有重要意义。

一、三相电动势

三相交流电路是由三个单相交流电路组成。这三个单相交流电路的电动势最大值相等，频率相同，相位彼此各自相差 120°，即

$$e_U = E_m\sin\omega t$$
$$e_V = E_m\sin(\omega t - 120°) \tag{2-34}$$
$$e_W = E_m\sin(\omega t - 240°) = E_m\sin(\omega t + 120°)$$

式中，E_m 为电动势的最大值。

三个电动势的相量图和正弦波形如图 2-9 所示。

三相交流电动势正幅值（或上升时的零值）出现的顺序称为三相交流电的相序。图 2-9

所示 U→V→W→U 为正序，而 U→W→V→U 为逆序。

由上述可知，三相对称交流电动势的瞬时值或相量之和为零，即

$$e_U + e_V + e_W = 0 \qquad (2\text{-}35)$$

$$\dot{E}_U + \dot{E}_V + \dot{E}_W = 0$$

二、三相电源绕组的连接

如果把三相电源分别通过输电线向负载供电，则需 6 根输电线，这显示不出三相制的优越性。目前广泛采用两种接法：星形接法和三角形接法。这里重点介绍星形接法（Y），如图 2-10 所示。

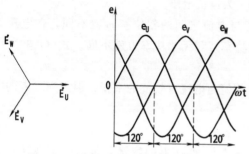

图 2-9　三相电动势的波形图与相量图

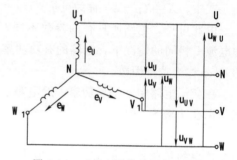

图 2-10　三相电源绕组的星形连接

三相绕组末端相连的公共点称为中点，如需要公共点接地，则接地后的公共点称为零点，用 N 表示。从中点引出的导线称为中线，接地后的中点（即零点）引出的导线称为零线。从三相电源绕组的三个始端 U、V、W 引出的三根导线称为相线，俗称火线。相线与中线之间的电压称为相电压，其有效值分别用 U_U、U_V、U_W 表示，或一般地用 U_p 表示。相线与相线之间的电压称为线电压，其有效值分别用 U_{UV}、U_{VW}、U_{WU} 表示，或一般地用 U_l 表示。下面确定相电压与线电压之间的关系。由图 2-10 可以得出

$$u_{UV} = u_U - u_V$$

$$u_{VW} = u_V - u_W$$

$$u_{WU} = u_W - u_U$$

因为各个电压均为同频率的正弦量，所以可用相量表示上述关系，有

$$\dot{U}_{UV} = \dot{U}_U - \dot{U}_V$$

$$\dot{U}_{VW} = \dot{U}_V - \dot{U}_W \qquad (2\text{-}36)$$

$$\dot{U}_{WU} = \dot{U}_W - \dot{U}_U$$

由于电源绕组的内阻抗压降同相电压比较可以忽略不计，所以可以认为相电压和对应的电动势基本相等，故三个相电压也是对称的。根据式（2-36）可作出线电压与相电压的相量图，如图 2-11 所示。由图可见，线电压也是对称的，且在相位上线电压比相应的相电压超前 30°。线电压与相电压的大小关系也可从相量图上得出

$$U_l = \sqrt{3} U_p \qquad (2\text{-}37)$$

发电机或变压器等电源绕组连成星形时，可引出四根导线，称为三相四线制。这样电源提供两种输出电压，即相电压和线电压。通常在低压供电系统中相电压为 220V，线电压为

380V（380＝$\sqrt{3}\times$220）。

　　发电机、变压器等电源绕组连成星形时，不一定都引出中线。如果只引出三根相线，则称为三相三线制。有时三相变压器的三个绕组也接成三角形（即各相绕组彼此首尾相连），这种只引出三根相线也称为三相三线制。此时线电压等于相电压。

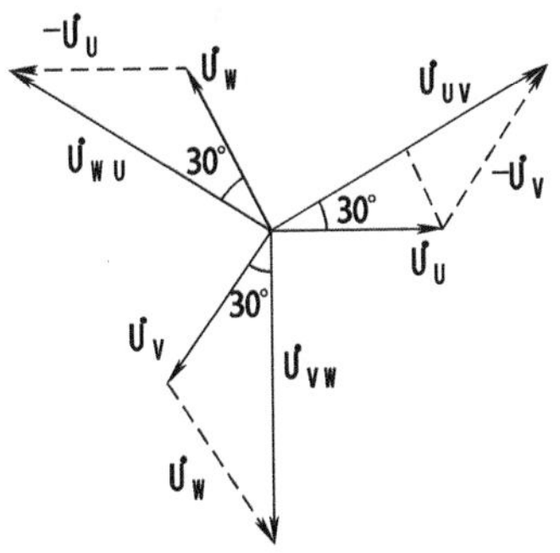

三、三相负载的连接

　　三相电路中三相负载的连接方法有两种，即星形（Y）连接和三角形（△）连接。下面先讨论星形连接。

图 2-11　电源绕组星接时线电压与相电压的相量图

（一）三相负载的星形连接

　　负载星形连接的三相四线制电路可用图 2-12 表示。每相负载的复阻抗分别为 Z_U、Z_V、Z_W，它们的大小（模）分别表示为 $|Z_U|$、$|Z_V|$、$|Z_W|$。电压和电流的参考方向已在图中标出。

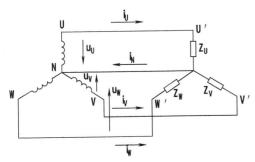

图 2-12　负载星形连接的完整三相四线制电路

　　三相电路中每相负载中的电流称为相电流，记为 I_p，每根相线中的电流称为线电流，记为 I_l。在三相负载为星形连接时，显然，相电流即为线电流，即 $I_p = I_l$。

　　对于三相电路的计算，应该一相一相地进行。每相负载中电流的有效值可根据欧姆定律分别求出，即

$$I_U = \frac{U_U}{|Z_U|}, I_V = \frac{U_V}{|Z_V|}, I_W = \frac{U_W}{|Z_W|}$$

各相负载的电压与电流之间的相位差分别为

$$\varphi_U = \arctan\frac{X_U}{R_U}, \varphi_V = \arctan\frac{X_V}{R_V}, \varphi_W = \arctan\frac{X_W}{R_W} \tag{2-38}$$

中线电流按图 2-12 所示的参考方向，应用基尔霍夫电流定律得出，即

$$\dot{I}_N = \dot{I}_U + \dot{I}_V + \dot{I}_W$$

电压和电流的相量图如图 2-13（a）所示。

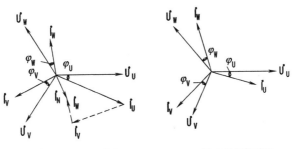

(a) 三相负载不对称　　　　　　(b) 三相负载对称

图 2-13　负载星形连接时电压和电流的相量图

下面讨论三相负载对称的情况。

所谓负载对称是指 $|Z_U|=|Z_V|=|Z_W|$ 和 $\varphi_U=\varphi_V=\varphi_W$ 两式同时成立，亦即 $Z_U=Z_V=Z_W=Z$ 的情况。由式（2-38）可知，因为相电压对称，所以各相负载中的电流也对称，即

$$I_U=I_V=I_W=I_p=\frac{U_p}{|Z|}$$

$$\varphi_U=\varphi_V=\varphi_W=\varphi=\arctan\frac{X}{R}$$

此时中线电流等于零，即

$$\dot{I}_N=\dot{I}_U+\dot{I}_V+\dot{I}_W=0$$

电压和电流的相量图如图 2-13（b）所示。

中线中既然没有电流通过，中线就不需要了。取消中线后，三相对称负载星形连接电路就成为三相三线制电路。三相三线制电路在生产中应用也很广泛，因为生产上的三相负载，如通常所见的三相电动机，一般都是对称的。

例 2-3　有一星形连接的三相负载，每相的电阻 $R=6\Omega$，感抗 $X_L=8\Omega$。电源电压对称且有中线，已知线电压 $u_{UV}=380\sqrt{2}\sin(\omega t+30°)V$，试求电流 i_U、i_V、i_W 和中线电流 i_N。

解　因为负载对称，只需计算一项（如 U 相）即可。

$U_U=\dfrac{U_{UV}}{\sqrt{3}}=\dfrac{380}{\sqrt{3}}=220V$，$u_U$ 比 u_{UV} 滞后30°，即

$$u_U=220\sqrt{2}\sin\omega t\ V$$

U 相电流
$$I_U=\frac{U_U}{|Z_U|}=\frac{220}{\sqrt{6^2+8^2}}=22A$$

i_U 比 u_U 滞后 φ 角，φ 角为

$$\varphi=\arctan\frac{X_L}{R}=\arctan\frac{8}{6}=53.1°$$

所以
$$i_U=22\sqrt{2}\sin(\omega t-53.1°)A$$

根据三相负载对称时电流的 120° 对称关系，有

$$i_V=22\sqrt{2}\sin(\omega t-53.1°-120°)=22\sqrt{2}\sin(\omega t-173.1°)A$$

$$i_W=22\sqrt{2}\sin(\omega t-53.1°+120°)=22\sqrt{2}\sin(\omega t+66.9°)A$$

由于三相电流对称，所以

$$i_N=i_U+i_V+i_W=0$$

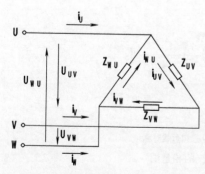

图 2-14　三相负载的三角形连接

（二）三相负载的三角形连接

有时根据额定电压的要求，三相负载也可以采用三角形（△）连接，即把各相负载依次接在两根相线之间，如图 2-14 所示。电压和电流的参考方向已在图中标出。

因为各相负载直接接在电源的线电压上，所以负载的相电压与电源的线电压相等。因此，不论负载对称与否，其相电压总是对称的，即

$$U_{UV}=U_{VW}=U_{WV}=U_p=U_1 \tag{2-39}$$

在三相负载为三角形连接时，相电流和线电流是不一样的。各相负载相电流的有效值分别为

$$I_{UV}=\frac{U_{UV}}{|Z_{UV}|},I_{VW}=\frac{U_{VW}}{|Z_{VW}|},I_{WU}=\frac{U_{WU}}{|Z_{WU}|} \tag{2-40}$$

各相负载的电压与电流之间的相位差分别为

$$\varphi_{UV}=\arctan\frac{X_{UV}}{R_{UV}},\varphi_{VW}=\arctan\frac{X_{VW}}{R_{VW}},\varphi_{WU}=\arctan\frac{X_{WU}}{R_{WU}} \tag{2-41}$$

不论负载对称与否，根据基尔霍夫电流定律，线电流与相电流有如下关系：

$$\dot{I}_U=\dot{I}_{UV}-\dot{I}_{WU}$$
$$\dot{I}_V=\dot{I}_{VW}-\dot{I}_{UV} \tag{2-42}$$
$$\dot{I}_W=\dot{I}_{WU}-\dot{I}_{VW}$$

三相不对称负载联结成三角形时，电压与电流的相量关系如图 2-15（a）所示。

如果三相负载对称，即 $|Z_{UV}|=|Z_{VW}|=|Z_{WU}|=|Z|$ 和 $\varphi_{UV}=\varphi_{VW}=\varphi_{WU}=\varphi$，则负载的相电流也是对称的，即

$$I_{UV}=I_{VW}=I_{WU}=I_p=\frac{U_p}{|Z|}$$

$$\varphi_{UV}=\varphi_{VW}=\varphi_{WU}=\arctan\frac{X}{R}$$

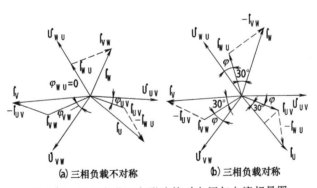

(a) 三相负载不对称　　　**(b) 三相负载对称**

图 2-15　三相负载三角形连接时电压与电流相量图

三相负载对称时的相量图如图 2-15（b）所示。由图中可见，显然线电流也是对称的。线电流在相位上比对应的相电流（如 $\dot{I}_U$ 与 $\dot{I}_{UV}$ 对应）滞后 $30°$。线电流与相电流在大小上的关系很容易从相量图中得出，即 $\frac{1}{2}I_1=I_p\cos\varphi=\frac{\sqrt{3}}{2}I_p$

所以
$$I_1=\sqrt{3}I_p \tag{2-43}$$

由上述分析可得如下结论：当三相对称负载作三角形连接时，如果三相电源对称，则三相负载的相电压、相电流也对称。其负载相电压为对应的电源线电压，相线中的线电流是负载中相电流的 $\sqrt{3}$ 倍，各线电流在相位上比对应的相电流滞后 $30°$。

（三）三相功率

三相交流电路可以看成是三个单相电路的组合。因此，三相交流电路的总的有功功率必

等于各相有功功率之和，即

$$P=P_U+P_V+P_W=U_U I_U \cos\varphi_U+U_V I_V \cos\varphi_V+U_W I_W \cos\varphi_W$$

当三相负载对称时，每相的电压、电流和功率因数均相等，因此三相总功率为

$$P=3U_p I_p \cos\varphi$$

式中，U_p 为相电压，I_p 为相电流；φ 为 U_p 与 I_p 之间的相位差。

当三相对称负载为星形连接时

$$U_1=\sqrt{3}U_p, I_1=I_p$$

当三相对称负载为三角形连接时

$$U_1=U_p, I_1=\sqrt{3}I_p$$

可见，无论三相对称负载为星形连接或三角形连接，三相电路总的有功功率为

$$P=\sqrt{3}U_1 I_1 \cos\varphi \tag{2-44}$$

这里应特别指出，公式（2-44）中的 φ 并不是 U_1 与 I_1 之间的相位差，而是 U_p 与 I_p 之间的相位差。

同理可以得出对称负载时三相无功功率和视在功率的计算公式：

$$Q=\sqrt{3}U_1 I_1 \sin\varphi \tag{2-45}$$

$$S=\sqrt{3}U_1 I_1 \tag{2-46}$$

例 2-4 有一三相电动机，每相的等效电阻 $R=29\Omega$，等效感抗 $X_L=21.8\Omega$，试求在下列各种情况下电动机的相电流、线电流以及从电源输入的功率，并比较所得结果：①绕组连成星形接于 $U_1=380V$ 的三相电源上；②绕组连成三角形接于 $U_1=220V$ 的三相电源上；③绕组连成星形接于 $U_1=220V$ 的三相电源上。

解 ①

$$I_p=\frac{U_p}{|Z|}=\frac{220}{\sqrt{29^2+21.8^2}}=6.1A$$

$$I_1=6.1A$$

$$\cos\varphi=\frac{R}{\sqrt{R^2+X_L^2}}=\frac{29}{\sqrt{29^2+21.8^2}}=0.8$$

$$P=\sqrt{3}U_1 I_1 \cos\varphi=\sqrt{3}\times380\times6.1\times0.8=3200W=3.2kW$$

②

$$I_p=\frac{U_p}{|Z|}=\frac{220}{\sqrt{29^2+21.8^2}}=6.1A$$

$$I_l=\sqrt{3}I_p=\sqrt{3}\times6.1=10.6A$$

$$P=\sqrt{3}U_1 I_1 \cos\varphi=\sqrt{3}\times220\times10.6\times0.8W=3.2kW$$

③

$$I_\varphi=\frac{U_\varphi}{|Z|}=\frac{127}{\sqrt{29^2+21.8^2}}=3.52A$$

$$I_1=3.52\sqrt{3}=6.1A$$

$$P=\sqrt{3}U_1 I_1 \cos\varphi=\sqrt{3}\times220\times6.1\times0.8W=1.86kW$$

比较①、②的结果可得出：

有的三相电动机有两种额定电压，例如 220/380V，这表示当电源电压（指线电压）为 220V 时，电动机的绕组应连成三角形；当电源的电压为 380V 时，电动机应连成星形。在两种接法中，相电压、相电流及功率都未改变，仅线电流在②的情况下增大为①的情况下的

$\sqrt{3}$ 倍。

比较②、③的结果可得出：

在电源电压（线电压）相同条件下，电动机从三角形连接改为星形连接后，相电压和相电流都减小为原来的 $1/\sqrt{3}$，线电流和功率都减小为原来的 $1/\sqrt{3}$。

习　题

一、填空

1. 已知 $u=10\sqrt{2}\sin(3140t-240°)$ V，则 $U_m=$＿＿＿＿ V，$U=$＿＿＿＿ V，$\omega=$＿＿＿＿ rad/s，$f=$＿＿＿＿ Hz，$T=$＿＿＿＿ s，$\varphi=$＿＿＿＿。

2. 有一正弦交流电流 $i(t)=5\times1.414\sin(1000t+300°)$ A，那么它的有效值为 $I=$＿＿＿＿，角频率 $\omega=$＿＿＿＿，初相角 $\varphi_i=$＿＿＿＿。

3. 周期 $T=0.02$s，振幅为 50V，初相角为 60° 的正弦交流电压 u 的解析式为＿＿＿＿＿＿，其有效值为＿＿＿＿＿＿。

4. 用电流表测得一正弦交流电路中的电流为 10A，则其最大值为＿＿＿＿＿＿ A。

5. 在正弦交流电中完成一次周期性变化所用的时间叫＿＿＿＿＿。正弦交流电 1s 内变化的次数叫作正弦交流电的＿＿＿＿＿。

6. 周期、频率和角频率三者间满足的关系是＿＿＿＿＿＿＿。

7. 描述正弦量的三要素是＿＿＿＿＿＿＿。

8. 电容器的容抗与自身电容量之间是＿＿＿＿＿（正比或反比）关系，与信号频率之间是＿＿＿＿＿（正比或反比）关系。

9. 下列属于直流电压范围的有（　　），属于交流电压范围的是（　　）。

10. 线圈的感抗与自身电感值之间是＿＿＿＿＿（正比或反比）关系，与信号频率之间是＿＿＿＿＿（正比或反比）关系。

11. 在纯电阻电路中，功率因数为＿＿＿＿＿，感性负载电路中，功率因数介于＿＿＿＿＿与＿＿＿＿＿之间。

12. 在 RLC 串联电路中，当 $X_L>X_C$ 时，电路呈＿＿＿＿＿性；当 $X_L<X_C$ 时，电路呈＿＿＿＿＿性；当 $X_L=X_C$ 时，电路呈＿＿＿＿＿性。

13. 三相交流电相序正序为＿＿＿＿＿。

14. 当三相交流发电机作星形连接时，线路中存在着两种电压，一种是＿＿＿＿＿，它是＿＿＿＿＿之间的电压。另一种是＿＿＿＿＿，它是＿＿＿＿＿之间的电压。这两种电压有效值之间的关系是＿＿＿＿＿。

15. 对称三相电源星形连接时，$U_l=$＿＿＿＿＿U_p，线电压的相位超前于它所对应相电压的相位_____。

二、选择填空

1. 正弦交流电压 $u=100\sin(628t+60°)$V，它的频率为（　　）

　A. 100Hz　　　　B. 50Hz　　　　　C. 60Hz　　　　　D. 628Hz

2. 正弦交流电的有效值为10A，频率为50Hz，初相位为-30°，它的解析式为（　　）

　A. $i=10\sqrt{2}\sin(314t+30°)$A　　　　　B. $i=10\sin(314t+30°)$A

　C. $i=10\sqrt{2}\sin(314t-30°)$A　　　　　D. $i=10\sin(50t+30°)$A

3. 正弦交流电 $e=E_m\sin(\omega t+\varphi)$，式中的 $\omega t+\varphi$ 表示正弦交流电的（　　）

　A. 周期　　　　　B. 相位　　　　　C. 初相位　　　　D. 机械角

4. 在解析式 $u=U_m\sin(\omega t+\varphi)$ 中，φ 表示（　　）

　A. 频率　　　　　B. 相位　　　　　C. 初相角

　D. 相位差

5. 如图所示正弦交流电流的有效值是（　　）A

　A. $5\sqrt{2}$　　　　　　　B. 5

　C. 10　　　　　　　　D. 6.7

6. 三相电源绕组星形连接时，线电压与相电压的关系是
（　　）

　A. $U_{线}=U_{相}$　　　　　　　　　B. 线电压滞后与之对应相电压30°

　C. $U_{线}=\sqrt{3}U_{相}$　　　　　　　D. 线电压超前与之对应相电压30°

7. 星形接法线电压为220V的三相对称电路中，其各相电压为（　　）

　A. 220V　　　　B. 380V　　　　C. 127V　　　　　D. 110V

8. 三相四线制供电系统中，线电压指的是（　　）.

　A. 两相线间的电压　　B. 零线对地电压　　C. 相线与零线电压　　D. 相线对地电压

9. 三相四线制供电线路中，若相电压为220V，则火线与火线间电压为（　　）

　A. 220V　　　　B. 380V　　　　C. 311V　　　　　D. 440V

10. 三相四线制供电系统中，中线电流等于（　　）

　A. 零　　　　　　　　　　　B. 三倍相电流

　C. 各相电流的代数和　　　　D. 各相电流的相量和

三、判断

1. 大小和方向都随时间变化的电流称为交流电流。（　　）

2. 直流电流的频率为零，其周期为无限大。（　　）

3. 对于同一个正弦交流量来说，周期、频率和角频率是三个互不相干、各自独立的物理量。（　　）

4. 交流电的有效值是最大值的1/2。（　　）

5. 电阻元件上电压、电流的初相一定都是零，所以它们是同相的。（　　）

6. 电感元件在直流电路中不呈现感抗，因为此时电感量为零。（　　）

7. 电容元件在直流电路中相当于开路，因为此时容抗为无穷大。（　　）

8. 如果某电路的功率因数为1，则该电路一定是只含电阻的电路。（　　）

9. 选定电感元件、电容元件的电压与电流关联参考时：

(1) $u_L = \omega L I_L$（　　）　　　　(2) $U_L = \omega L I_L$（　　）

(3) $u_L = \omega L i_L$（　　）　　　　(4) $i_C = \dfrac{u_C}{C}$（　　）

(5) $I_C = \dfrac{U_C}{\omega C}$（　　）　　　　(6) $i_C = \dfrac{U_C}{X_C}$（　　）

10. RLC 串联电路中

(1) $U = U_R + U_L + U_C$（　　）　　　　(2) $U = \sqrt{U_R^2 + (U_L - U_C)^2}$（　　）

(3) $\dot{U} = \dot{U}_R + \dot{U}_L + \dot{U}_C$（　　）　　　　(4) $Z = R + X_L + X_C$（　　）

11. 频率为 50Hz 的交流电，其周期为 0.02s。（　　）

四、问答与计算

1. 在选定的参考方向下，已知两正弦量的解析式为 $u = 200\sin(1000t + 200°)\text{V}$，$i = -5\sin(314t + 30°)\text{A}$，试求两个正弦量的三要素。

2. 已知选定参考方向下正弦量的波形如图所示，试写出正弦量的解析式。

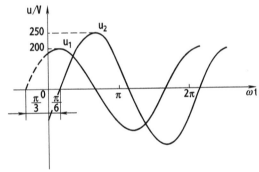

3. 已知正弦量：$u_1 = 20\sin(314t + 45°)\text{V}$，$u_2 = 40\sin(314t - 90°)\text{V}$，①则它们的相位和初相位分别是多少？②求出它们的相位差，说明相位关系。

4. 写出下列各正弦量对应的相量，并绘出相量图。

(1) $u_1 = 220\sqrt{2}\sin(\omega t + 100°)\text{V}$

(2) $u_2 = 110\sqrt{2}\sin(\omega t - 240°)\text{V}$

(3) $i_1 = 10\sqrt{2}\cos(\omega t + 30°)\text{A}$

(4) $i_2 = 14.14\sin(\omega t - 90°)\text{A}$

5. 一个 220V，60W 的灯泡接在 $u = 220\sqrt{2}\sin(314t + 30°)\text{V}$ 的电源上，求流过灯泡的电流，写出电流的解析式并画出电压、电流的相量图。

6. 一线圈在工频电压作用下感抗为 47.1Ω，试求其电感；当通过此线圈的电流频率为 100 Hz 与 10^{-6} Hz 时，它的感抗各为多少？

7. 具有电感 $L = 160\text{mH}$ 和电阻 $R = 25Ω$ 的线圈与电容 $C = 127\mu\text{F}$ 串联后，接到电压 $u = 180\sin314t$ V 的电源上。求①电路中的电流；②有功功率和无功功率；③画出相量图。

8. 三个同样的白炽灯，分别与电阻、电感及电容器串联后接在交流电源上。如果 $R = X_L = X_C$，试问灯的亮度是否一样？为什么？假如将它们改接在直流电源上，灯的亮度各有什么变化？

第三章 磁路及变压器

工程上广泛使用的许多电气设备，如电机、弧焊变压器和电抗器（磁放大器）及各种电磁元件，其内部都存在着电和磁的相互作用和相互转换。分析这类电气设备的工作原理，不仅有电路问题，还有磁路问题。变压器是一种利用磁路进行能量传递的重要设备，它的工作原理和分析方法是学习各种电磁元件的基础。为此本章首先阐述磁路的基本概念，介绍铁磁材料的磁性能，分析交流铁芯线圈电路的基本电磁关系，重点介绍变压器的工作原理，最后简要介绍几种特殊变压器。

第一节 磁场的基本物理量

磁路问题实质上就是局限在一定路径内的磁场问题，磁场的特性可以用磁场的基本物理量来描述。

一、磁感应强度 B

磁感应强度 B 是表示磁场内某点的磁场强弱和方向的物理量，它是一个矢量。从物理学中可知

$$B = \frac{F}{IL} \tag{3-1}$$

上式表明，磁场中某点的磁感应强度 B 的大小等于与磁场相垂直的单位长度导体，通过单位电流时，在该点所受的电磁力。磁感应强度 B 的方向与该点磁力线方向一致，即该点磁力线的切线方向。如果磁场内各点的磁感应强度的大小相等，方向相同，这样的磁场称为均匀磁场。

在国际单位制（SI）中，磁感应强度的单位为特斯拉（T）。在电磁制（CGS）中它的单位为高斯（Gs），两种单位的换算关系为

$$1(T) = 10^4 \, Gs$$

二、磁通 Φ

在分析磁路时，有时要考虑磁场中某个面积上的磁场情况，这需要引入新的物理量——磁通。在均匀磁场中，磁感应强度 B 与垂直于磁场方向的面积 S 的乘积，称为通过该面积的磁通，用 Φ 表示，即

$$\Phi = BS \tag{3-2}$$

磁通也可以用磁力线的多少来形象描述，所以磁通也定义为：通过垂直于磁场方向上某一截面积的磁力线数。式（3-2）可变写为

$$B = \frac{\Phi}{S}$$

则磁感应强度 B 为通过与磁场方向垂直的单位面积的磁力线的数目，因此，磁感应强度又称为磁通密度。磁场中某处的磁通密度大，表示该处的磁通线密，磁场强。

在国际单位制中，磁通的单位为韦伯（Wb），在电磁单位制中，为麦克斯威（Mx），两种单位的换算关系为

$$1Wb = 10^8 Mx$$

三、磁导率 μ

磁导率 μ 是表示物质导磁性能的物理量，不同物质其磁导率 μ 不同。磁导率的单位是亨/米（H/m），由实验测得真空中磁导率 μ_0 是一个常数，$\mu_0 = 4\pi \times 10^{-7} H/m$。

某种物质的磁导率 μ 与真空中磁导率 μ_0 的比值，称为该物质的相对磁导率，用 μ_r 表示，即

$$\mu_r = \frac{\mu}{\mu_0} \tag{3-3}$$

自然界中大多数物质（非铁磁材料）对磁感应强度影响很小，其相对磁导率 $\mu_r \approx 1$，如铜、银、空气、木材等。而铁、镍、钴及其合金等铁磁物质其相对磁导率 $\mu_r \gg 1$，并且 μ_r 不是常数。在其他条件相同情况下，这类物质中所产生的磁感应强度比真空中大几千倍甚至几万倍，这一类物质称为铁磁性物质或铁磁材料。铁磁材料被广泛应用于制造电磁设备，如电动机、电焊机、变压器等。表 3-1 列出了几种常用铁磁材料的相对磁导率。

表 3-1　几种常用铁磁材料的相对磁导率

铁磁材料名称	相对磁导率 μ_r	铁磁材料名称	相对磁导率 μ_r
铸铁	240~400	铝硅铁粉心	2.5~7
铸钢	510~2200	用于 1MHz 以下的镍锌铁氧体	300~5000
硅钢片	7000~10000	用于 1MHz 以上的镍锌铁氧体	10~1000
坡莫合金	20000~200000		

四、磁场强度 H

磁场中各点磁感应强度大小，不仅与电流的大小、导体的形状有关，还与媒介质导磁性能有关，这样在磁场计算时，就比较复杂。为了简化磁场的计算，引进一个新的物理量磁场强度 H。

磁场强度是反映磁场强弱和方向的辅助物理量。磁场中某一点的磁场强度 H，等于磁场中该点的磁感应强度 B 与媒介质磁导率 μ 的比值，方向与所在点的磁感应强度方向一致，其表达式为

$$H = \frac{B}{\mu} \tag{3-4}$$

在国际单位制中，磁场强度的单位为安/米（A/m）。

第二节　铁磁材料的磁性能及能量损耗

一、铁磁材料的磁性能

（一）高导磁性

将铁芯放入载流线圈内，其磁感应强度 B 会明显增大，铁磁物质呈现磁性的这种现象

称为铁磁物质的磁化。

铁磁物质被磁化的原因，是因为由于分子电流的作用使铁磁材料内部形成许多自然呈现一定磁场方向的小区域，这些自然的磁性区域称为磁畴。在无外磁场作用时，各磁畴排列杂乱无章，它们的磁场相互抵消，因而对外不显磁性，如图 3-1（a）所示。

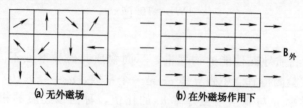

（a）无外磁场   （b）在外磁场作用下

图 3-1 铁磁材料磁畴示意图

在外磁场作用下，各磁畴方向发生偏转并趋向一致，其内部形成一个与外磁场方向相同的附加磁场，对外呈现磁性。由于附加磁场与外加磁场方向相同，总磁场增强，如图 3-1（b）所示。非铁磁材料不具有磁畴结构，因而导磁能力极差。

由于铁磁材料具有很强的导磁性能，因此，实际的电动机、焊接设备、变压器等电磁设备的线圈都绕在铁芯上，于是在线圈中通入较小的电流，便可在铁芯中产生足够强的磁场。

（二）磁饱和性

铁磁材料在磁化过程中，随着外磁场强度 H 的增加，其磁感应强度 B 也随之增加。铁磁材料的磁化特性，可用磁化曲线 $B=f(H)$ 表示。图 3-2 所示的磁路中，当改变线圈中电流（称为励磁电流），则磁场强度 H 与线圈中电流成正比变化。用磁通计测出对应不同 H 时的 B 值，可获得一条 B 和 H 的关系曲线 $B=f(H)$，如图 3-3 所示。由图可见，铁磁材料的磁化曲线可分成三段。

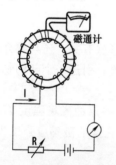

图 3-2 铁磁材料的磁化

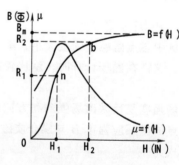

图 3-3 磁化曲线

（1）Oa 段 磁畴在外磁场作用下，随 H 的增大，迅速趋向外磁场方向，B 增加很快，B 与 H 近似为正比的关系。

（2）ab 段 随着 H 的增加，由于大部分磁畴已经趋向外磁场方向，可以转向的磁畴数目减少，故 B 值增加变缓。

（3）b 点以后 由于磁畴几乎全部已趋向外磁场方向，所以 H 增加时 B 几乎不增加，达到了磁饱和。

由于 B 与 H 的关系是一条曲线，所以铁磁材料的磁导率 $\mu=B/H$ 不是常数，图 3-3 中绘出了 μ 随 H 变化的情况。

各种铁磁材料都可通过实验的方法测出它们的磁化曲线。磁化曲线在磁路计算时极为重要，图 3-4 给出了几种常用铁磁材料的磁化曲线，以供参考。

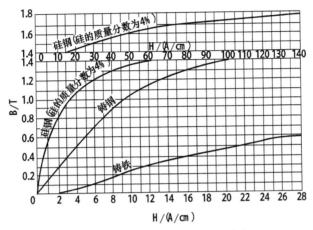

图 3-4　铸铁、铸钢、硅钢磁化曲线

（三）磁滞性

当铁芯线圈中通过的电流，其大小和方向随时间变化时，铁芯中会产生交变磁场，这时铁磁材料会被反复磁化，在电流变化的一个周期里，B 与 H 的变化关系如图 3-5 所示。

当磁场强度由零增加到 $+H_m$ 时，磁感应强度由零相应增加到饱和值 $+B_m$，Ob 段称为原始化曲线。如把磁场强度从 $+H_m$ 减小到零，磁感应强度 B 并不沿原始磁化曲线返回，而是沿着 bc 曲线下降。当磁场强度减小为零时，磁感应强度并不为零，而是保持一定数值。这是因为磁场强度 H 为零后，铁磁材料保持一定的磁性，Oc 段的数值 $+B_r$ 称为剩磁。把磁感应强度 B 的变化滞后于磁场强度 H 的变化的这种现象，称为磁滞。

若要去掉剩磁，必须外加反方向磁场。当 H 反方向增加到 $-H_c$ 时，$B=0$，去掉剩磁所需反向磁场强度 H_c 称为矫顽磁力。若继续增大反方向磁场强度，当 H 为 $-H_m$ 时，磁感应强度达到反向饱和值 $-B_m$，当反向磁场强度减小到零时，存在反方向剩磁 $-B_r$，若要克服反向剩磁，需加磁场强度 $+H_c$。当 H 值在 $+H_m$ 和 $-H_m$ 之间交变时，B 值即沿闭合曲线 $bcdefgb$ 变化，这条闭合曲线称为磁滞回线。

根据铁磁材料磁滞回线形状不同，可将铁磁材料分为两类。

（1）软磁材料　其特点是磁滞回线窄，其剩磁和矫顽力都很小，如图 3-6 所示。一般用于制作交流电气设备的铁芯，常用软磁材料有铸钢、铁氧体及坡莫合金等。

（2）硬磁材料　其特点是磁滞回线较宽，剩磁和矫顽力都较大，如图 3-6 所示。一般用于制造永久磁铁，常用的硬磁材料有钴钢及铁镍铝钴合金等。

二、铁磁材料中的能量损耗

1. 磁滞损耗

当铁芯在交变磁场作用下反复磁化时，内部磁畴由于反复取向，克服磁畴之间阻力而产生发热损耗，这种能量损失称为磁滞损耗。可以证明，铁磁材料的磁滞损耗与该材料磁滞回线包围的面积成正比。磁滞回线越宽，剩磁越大，损耗也就越大。同时励磁电流频率越高，磁滞损失也越大。当励磁电流频率一定时，磁滞损耗与铁芯磁感应强度最大值的平方成正比。

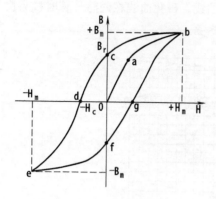

图 3-5 B 与 H 的变化关系

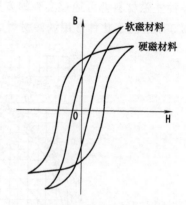

图 3-6 软磁材料和硬磁材料磁滞回线

由于磁滞损耗使铁芯发热，对电机、变压器等电气设备是有害的，因此，交流铁芯应选择磁滞回线狭窄的软磁材料，如硅钢等制成。

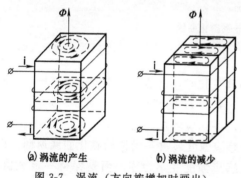

图 3-7 涡流（方向按增加时画出）

2. 涡流损耗

如图 3-7（a）所示，当线圈中通入交流电流时，铁芯中的交变磁通 Φ 在铁芯中产生感应电动势和感应电流，由于感应电流在铁芯中自然形成闭合回路，且成旋涡状，故称为涡流。

因铁芯有一定的电阻，故铁芯内产生涡流时，使铁芯发热，造成能量损失，由涡流造成的电能损失称为涡流损耗。另一方面，涡流在铁芯中产生的磁通，对线圈通过电流在铁芯中产生的磁通有去磁作用，这对电机和变压器的运行是不利的，因此，在交流铁芯线圈电路中必须设法减小涡流。

为了减小涡流，电工设备的铁芯采用彼此绝缘的硅钢片叠成，如图 3-7（b）所示。由于硅钢片具有较高的电阻率，且把涡流限制在较小的截面内流动，增大了涡流回路的电阻，减小了涡流损耗。

涡流引起能量损耗，使电机、变压器等设备效率降低，但涡流也有可利用的一面，例如工业用中频炉，可以利用涡流的热效应来冶炼金属。

第三节　磁路与磁路定律

一、磁路的组成

磁力线通过的闭合路径称为磁路。在电工设备中，为了能够在较小的磁场强度下得到较大的磁感应强度，或者说能在较小的励磁电流下得到较多的磁通，常把线圈绕在用铁磁材料制成一定形状的铁芯上，以使磁通能够集中在规定的路径内。当绕在铁芯上的线圈通电后，铁芯内就形成磁路。图 3-8 所示是几种常见磁路。

集中在铁芯磁路中的磁通称为主磁通，少量没有通过铁芯形成闭合回路的磁通称为漏磁通。

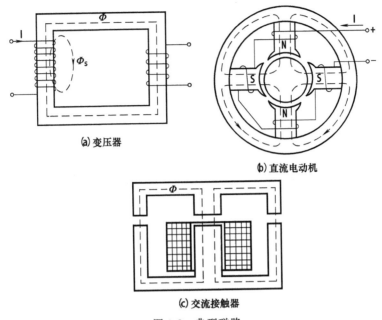

图 3-8　典型磁路

二、全电流定律

全电流定律又称安培环路定律，它反映了磁场与产生磁场的电流之间的关系。该定律指出：在磁场中，任意选择一条闭合路径，若该路径上各点磁场强度大小相等，方向与各点的切线方向相同，则磁场强度 H 与闭合路径长度 l 的乘积等于被该闭合线包围的各导体电流的代数和，其表达式为

$$Hl = \sum I \qquad (3-5)$$

式（3-5）中电流的正负是这样确定的，即当电流的方向与闭合路径的循行方向符合右手螺旋定则时，电流为正，反之为负。

对于图 3-9 所示的磁路，设铁芯是由同一种铁磁材料制成，各段截面积相等，铁芯的平均长度为 l（中心磁力线长度），线圈匝数为 N。如果磁路的平均长度比截面积的线性尺寸大得多，则可认为磁通在截面内是均匀分布的，该磁路可视为均匀磁路，中心线上各点 H 值相等，电流与磁通方向符合右手定则。根据全电流定律

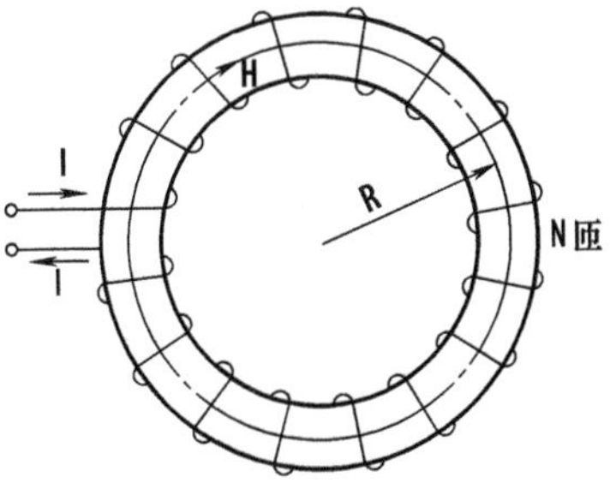

$$Hl = NI \qquad (3-6)$$

或

$$H = \frac{NI}{l}$$

图 3-9　环形线圈

式（3-6）表明，磁场强度 H 与励磁电流 I 成正比，Hl 称为磁压降。

三、磁路的欧姆定律

图 3-10 为一无分支的均匀磁路，磁路各点磁感应强度为

$$B = \mu H = \mu \frac{NI}{l}$$

通过各截面磁通为

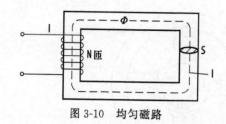

图 3-10　均匀磁路

$$\Phi=BS=\mu\frac{NI}{l}S=\frac{NI}{\dfrac{l}{\mu S}}=\frac{F}{R_\mathrm{m}} \tag{3-7}$$

式中，$F=NI$ 称为磁动势，是产生磁通的原动力，磁动势的单位为安匝；$R_\mathrm{m}=\dfrac{l}{\mu S}$ 称为磁阻，表示磁路对磁通的阻碍作用，磁阻的单位为 A/Wb。

式（3-7）与电路的欧姆定律在形式上相似，所以称为磁路欧姆定律。

由于铁磁材料的磁导率 μ 是随磁场强度 H 大小变化的，因此，磁路欧姆定律一般不能直接用于铁磁材料磁路的定量计算，而只适合于对磁路的定性分析。

四、简单磁路计算

实际磁路计算时，往往磁路的几何尺寸、材料是已知的，材料的 B-H 曲线是可以通过手册查出的，这类磁路计算是已知磁通（或磁感应强度）求磁动势。

当磁路由不同材料、不同截面积的几段磁路构成时，全电流定律可写为

$$H_1l_1+H_2l_2+\cdots=\sum Hl=NI \tag{3-8}$$

同理，磁路欧姆定律应表示为

$$\Phi=\frac{NI}{\sum R_\mathrm{m}} \tag{3-9}$$

例 3-1　图 3-11 所示的磁路，铁芯为硅钢片叠制而成，各部分尺寸为 $l_0/2=0.2\mathrm{cm}$，$l_1=30\mathrm{cm}$，$l_2=10\mathrm{cm}$，气隙截面积 S_0 与铁芯截面积 S_1 相等，$S_0=S_1=12\mathrm{cm}^2$，衔铁截面积 $S_2=10\mathrm{cm}^2$。如果要求气隙处的磁感应强度 $B_0=0.5\mathrm{T}$，问需要多大的磁动势？若励磁线圈的电流为 0.5A，求线圈的匝数。

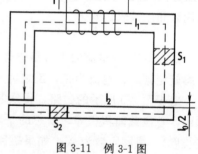

图 3-11　例 3-1 图

解　由 B_0 可以求出磁路中的磁通

$$\Phi=B_0S_0=0.5\times12\times10^{-4}=6\times10^{-4}\mathrm{Wb}$$

各段磁路磁感应强度为

$$B_0=0.5\mathrm{T};\ B_1=\frac{\Phi}{S_1}=\frac{6\times10^{-4}}{12\times10^{-4}}=0.5\mathrm{T};$$

$$B_2=\frac{\Phi}{S_2}=\frac{6\times10^{-4}}{10\times10^{-4}}=0.6\mathrm{T}$$

各段磁路的磁场强度为

$$H_0=\frac{B_0}{\mu_0}=\frac{0.5}{4\pi\times10^{-7}}=3980\mathrm{A/cm}$$

查图 3-4 磁化曲线得

$$H_1=0.8\mathrm{A/cm},\ H_2=1.2\mathrm{A/cm}$$

各段磁路磁压为

$$H_0l_0=3980\times0.4=1592\mathrm{A};\ H_1l_1=0.8\times30=24\mathrm{A};\ H_2l_2=1.2\times10=12\mathrm{A}$$

磁动势为

$$F=NI=H_0l_0+H_1l_1+H_2l_2=1592+24+12=1628\ \text{安匝}$$

当线圈电流为 0.5A 时

$$N = \frac{F}{I} = \frac{1628}{0.5} = 3256 \text{ 匝}$$

从例 3-1 可以看出，当磁路中存在空气隙时，由于其磁阻较大，磁动势主要用来克服它的磁阻。因此，磁路中应该尽量减小非必需的空气隙。当磁路中空气隙较大时，可以用空气隙来估算磁路的磁动势。

第四节　交流铁芯线圈电路

一、电压与磁通的关系

图 3-12 所示为交流铁芯线圈电路，当铁芯线圈外加正弦交流电压 u，则交流电流 i（或磁动势 Ni）产生主磁通 Φ 和漏磁通 Φ_S。根据电磁感应定律，这两个磁通在线圈中分别产生主感应电动势 e 和漏感应电动势 e_S，当主感应电动势 e 和漏感应电动势 e_S 的参考方向与电流 i 方向一致时，则

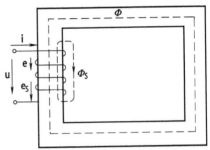

$$e = -N \frac{\mathrm{d}\Phi}{\mathrm{d}t}$$

$$e_S = -N \frac{\mathrm{d}\Phi_S}{\mathrm{d}t}$$

图 3-12　交流铁芯线圈电路

因为漏磁通通过空气隙，其磁导率 μ_0 是常数，故 Φ_S 与 i 之间为线性关系。所以，铁芯线圈中漏磁电感 $L_S = N\Phi_S/i$ 为常数，于是漏磁感应电动势为

$$e_S = -N \frac{\mathrm{d}\Phi_S}{\mathrm{d}t} = -L_S \frac{\mathrm{d}i}{\mathrm{d}t} \tag{3-10}$$

相量表达式

$$\dot{E}_S = -jX_S \dot{I}$$

其中 $X_S = 2\pi f L_S$，称为漏磁感抗。

主磁通通过铁芯，因其磁导率 μ 不是常数，故 Φ 与 i 不是线性关系，所以主磁电感 L 不是常数。主磁感应电动势 e 可按下述方法计算。

设铁芯中磁通按正弦规律变化

$$\Phi = \Phi_m \sin\omega t$$

则

$$\begin{aligned} e &= -N \frac{\mathrm{d}\Phi}{\mathrm{d}t} = -N \frac{\mathrm{d}}{\mathrm{d}t}(\Phi_m \sin\omega t) \\ &= -\omega N \Phi_m \cos\omega t = 2\pi f N \Phi_m \sin(\omega t - 90°) \\ &= E_m \sin(\omega t - 90°) \end{aligned}$$

上式中 $E_m = 2\pi f N \Phi_m$ 为主磁感应电动势的最大值，其有效值

$$E = \frac{E_m}{\sqrt{2}} = \frac{2\pi f N \Phi_m}{\sqrt{2}} = 4.44 f N \Phi_m$$

一个实际的铁芯线圈，除主磁通、漏磁通分别产生主磁感应电动势和漏磁感应电动势外，线圈本身还有电阻电压降 Ri，根据基尔霍夫电压定律，铁芯线圈的端电压

$$u = Ri - e_S - e$$

相量表示式为

$$\dot{U}=R\dot{I}-\dot{E}_S-\dot{E}=R\dot{I}+jX_S\dot{I}-\dot{E} \tag{3-11}$$

因为线圈电阻和漏磁感应电动势均很小，当忽略它的影响时，则

$$\dot{U}\approx-\dot{E}$$

其有效值

$$U=E=4.44fN\Phi_m \tag{3-12}$$

式中，f 的单位为 Hz；Φ_m 的单位为 Wb；U 的单位为 V。

式（3-12）是磁路常用公式，表明在电源频率 f、线圈匝数 N、电源电压 U 一定的条件下，主磁通 Φ_m 值不变，这个关系又称为恒磁通原理。

二、交流铁芯线圈的电路模型

交流铁芯线圈因励磁电流为交流电流，铁芯在反复磁化时产生磁滞损耗，交变磁通在铁芯中产生涡流损耗，把铁芯中的磁滞损耗和涡流损耗之和称为铁芯损耗，简称铁损，用 ΔP_{Fe} 表示。铁损是由主磁通产生的。

由上分析可知，交流铁芯电路的总有功功率为

$$P=\Delta P_{Cu}+\Delta P_{Fe}=RI^2+R_FI^2 \tag{3-13}$$

式中，ΔP_{Cu} 是线圈自身电阻 R 产生的功率损耗，称为铜损；铁损 ΔP_{Fe} 可认为是由电路中一个阻值为 R_F 的等效电阻产生的。

铁芯线圈外加正弦电压后，线圈与电源进行能量交换，可用一个等效感抗 X_F 描述，$X_F=2\pi fL_F$ 称为线圈的励磁感抗。

当考虑铁芯线圈电路漏磁通产生的漏感电动势对电路的影响时，可以把交流铁芯线圈电路用一个不含铁芯的交流电路来代替，图 3-13 所示为交流铁芯线圈电路的电路模型。

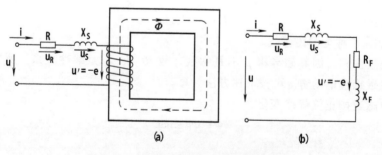

图 3-13 交流铁芯线圈电路的电路模型

第五节 变 压 器

变压器是用来将某一数值的交流电压转换成同频率另一数值交流电压的电气设备。变压器的种类很多，按用途分为电力变压器和特种变压器。电力变压器主要用于输电和配电系统中，有升压变压器、降压变压器和配电变压器。常见的特种变压器有电子线路用级间耦合变压器、测量用仪用互感器、整流变压器、焊接变压器等。虽然变压器种类很多，但它们的基本结构和基本工作原理相同。

一、变压器的结构

变压器由铁芯和绕组等部分组成，图 3-14 所示为单相双绕组变压器。

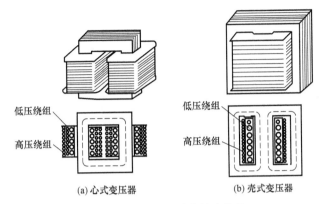

图 3-14　单相变压器的基本结构

铁芯构成了变压器的磁路部分，为了减小磁滞损耗和涡流损耗，变压器的铁芯是用 $0.35\sim0.5$mm 厚的硅钢片叠制而成，硅钢片的两面涂有绝缘漆，使叠片之间相互绝缘。

绕组构成了变压器的电路部分，其中与电源相连绕组称为一次绕组 W_1（匝数为 N_1），与负载相连绕组称为二次绕组 W_2（匝数为 N_2）。一、二次绕组在电路上是相互绝缘的，但它们处于同一磁路中。小功率变压器的绕组都采用高强度漆包线绕制而成，绕组之间及绕组与铁芯之间都隔有绝缘材料。同心式变压器低压绕组靠近铁芯，高压绕组在低压绕组的外面，这样可降低绕组对铁芯的绝缘要求。

根据绕组安放位置不同，变压器分为壳式变压器和心式变压器，见图 3-14。大型变压器除铁芯和绕组外，还有油箱、散热装置、保护装置和出线装置等。

二、变压器的工作原理

（一）变压器的空载运行

当变压器一次绕组加额定交流电压 u_1，二次绕组开路时，称为变压器的空载运行，如图 3-15（a）所示。由于二次绕组开路，二次侧电流 $i_2 = 0$。在外加电压 u_1 的作用下，一次绕组中有电流 i_0 通过，称为空载电流，通常变压器的空载电流为额定电流的 $3\%\sim8\%$。i_0 在一次绕组中建立磁动势 $N_1 i_0$，在这一磁动势作用下，铁芯中产生交变的主磁通 Φ_{m} 与漏磁通 Φ_{S1}，主磁通同时与一次绕组和二次绕组交链，分别产生主磁感应电动势 e_1 和 e_2。漏磁通 Φ_{S1} 只与一次绕组交链，在一次绕组中产生漏磁感应电动势 e_{S1}，变压器工作在空载时电

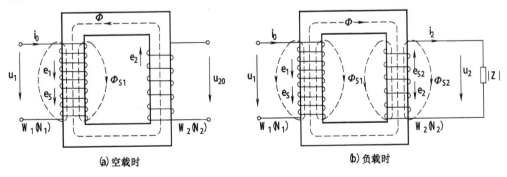

图 3-15　单相变压器的工作原理

磁关系可表示如下：

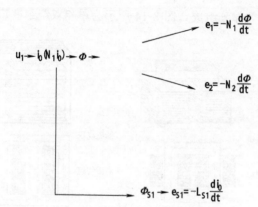

变压器空载时，一次侧电磁关系与交流铁芯线圈相同，其电压平衡方程式为

$$u_1 = R_1 i_0 - e_{S1} - e_1$$

相量关系

$$\dot{U}_1 = R_1 \dot{I}_0 + jX_{S1} \dot{I}_0 - \dot{E}_1 \tag{3-14}$$

式中，R_1 为变压器一次绕组电阻，X_{S1} 为变压器一次绕组漏抗。由于变压器空载电流 i_0 和漏磁通 Φ_{S1} 都很小，因此，在 R_1、X_{S1} 上产生的压降很小，故可认为

$$\dot{U}_1 \approx -\dot{E}_1$$

其有效值

$$U_1 \approx E_1 = 4.44 f N_1 \Phi_m \tag{3-15}$$

由于变压器二次绕组与主磁通相互交链，根据电磁感应定律，在二次绕组中产生感应电动势为

$$e_2 = -N_2 \frac{\mathrm{d}\Phi}{\mathrm{d}t} = E_{2m} \sin(\omega t - 90°)$$

式中，$E_{2m} = 2\pi f N_2 \Phi_m$ 为二次绕组产生感应电动势的最大值。

其有效值为

$$E_2 = 4.44 f N_2 \Phi_m \tag{3-16}$$

若变压器空载时二次绕组端电压用 u_{20} 表示，根据图 3-15（a）所示参考方向

$$u_{20} = e_2$$

相量关系
$$\dot{U}_{20} = \dot{E}_2$$

其有效值

$$U_{20} = 4.44 f N_2 \Phi_m \tag{3-17}$$

由式（3-15）和式（3-17）可得

$$\frac{U_1}{U_{20}} \approx \frac{E_1}{E_2} = \frac{N_1}{N_2} = k \tag{3-18}$$

式中，k 称为变压器的变压比。

由此可知变压器一、二次绕组的电压之比等于它们的匝数之比。

当 $k > 1$ 时，$U_1 > U_2$，变压器降压；$k < 1$ 时，$U_1 < U_2$，变压器升压。变压器在使用时，应注意电源电压与一次绕组额定电压相等，否则，变压器绕组会烧坏或二次绕组得不到需要的电压值。

例 3-2 某单相变压器接到电压 $U_1 = 220V$ 的电源上，已知二次绕组空载电压 $U_{20} = 20V$，二次绕组匝数 $N_2 = 100$ 匝，求变压器变比 k 及一次绕组匝数。

解 变压器变比

$$k = \frac{U_1}{U_{20}} = \frac{220}{20} = 11$$

变压器一次绕组匝数

$$N_1 = kN_2 = 11 \times 100 = 1100 \text{ 匝}$$

（二）变压器负载运行

变压器一次绕组接电源，二次绕组接负载，二次侧输出电流 i_2，称为变压器的负载运行，如图 3-15（b）所示。

变压器空载时，铁芯中主磁通 Φ 是由一次绕组磁动势 $N_1 i_0$ 产生的。变压器负载时，二次侧有电流 i_2。根据电磁感应定律可知，二次绕组磁动势 $N_2 i_2$ 在磁路中产生的磁通阻碍原磁通的变化。当一次绕组外加电压 U_1 不变，电源频率 f 及匝数 N_1 不变，根据 $U_1 = 4.44 f N_1 \Phi_m$ 可知，Φ_m 不变（恒磁通原理）。因此，当变压器二次侧电流为 i_2 时，变压器一次侧电流由 i_0 增加至 i_1，也就是说为了维持主磁通 Φ_m 不变，变压器一次绕组电流产生磁动势 $N_1 i_1$，除了要维持一个不变的磁动势 $N_1 i_0$ 外，还要克服二次绕组磁动势 $N_2 i_2$ 的去磁影响。所以，变压器空载及负载运行时，磁动势应相等，即

$$N_1 i_1 + N_2 i_2 = N_1 i_0$$

相量表示式为

$$N_1 \dot{I}_1 + N_2 \dot{I}_2 = N_1 \dot{I}_0 \tag{3-19}$$

上式为变压器负载运行时磁动势平衡方程式。由于空载电流 i_0 值较小，$N_1 i_0$ 可略不计，于是得

$$N_1 \dot{I}_1 \approx -N_2 \dot{I}_2 \tag{3-20}$$

式中负号说明 i_1 和 i_2 相位相反，即 $N_2 i_2$ 对 $N_1 i_1$ 有去磁作用。

用有效值表示时

$$N_1 I_1 \approx N_2 I_2$$

$$\frac{I_1}{I_2} = \frac{N_2}{N_1} = \frac{1}{k} \tag{3-21}$$

式（3-21）表示变压器一、二次绕组电流之比等于它们的匝数比的倒数。

变压器负载运行时，二次侧电流 i_2 建立的磁势 $N_2 i_2$。除了与磁势 $N_1 i_1$ 共同作用产生主磁通，还在二次绕组内产生漏磁感应电动势 e_{S2}。同时 i_2 在二次绕组 R_2 上也会产生电压降 $R_2 i_2$。根据图 3-15（b）所示的参考方向，变压器二次绕组电路电压平衡方程式为

$$u_2 = e_2 + e_{S2} - R_2 i_2$$

相量表达式为

$$\dot{U}_2 = \dot{E}_2 + \dot{E}_{S2} - R_2 \dot{I}_2 = \dot{E}_2 - jX_{S2}\dot{I}_2 - R_2\dot{I}_2 \tag{3-22}$$

式中，$X_{S2} = 2\pi f L_{S2}$ 称为二次绕组漏磁感抗，L_{S2} 为二次绕组漏磁电感。

变压器负载运行时，由式（3-22）可知，当变压器负载增加时，二次侧电流 i_2 增大，在二次绕组内阻抗压降增加。当电源电压 U_1 和负载功率因数 $\cos\varphi_2$ 均为常数时，变压器二次绕组端电压与二次绕组电流之间的关系，可用变压器外特性曲线表示。图 3-16 所示为变压器接上电阻、电感性负载时的外特性。变压器负载运行时，由于内阻阻抗值很小，如忽略在内

阻抗上产生压降，则

$$\frac{\dot{U}_1}{\dot{U}_2} \approx \frac{E_1}{E_2} = \frac{N_1}{N_2} = k$$

（三）变压器的阻抗变换作用

变压器除有变换电压和电流作用外，还有阻抗变换作用。在电子电路中，负载为了获得最大功率，应满足负载的阻抗与信号源的阻抗相等条件，即阻抗匹配。但实际二者往往是不相等的，因此，需要在负载与信号源之间加接一个变压器，以便实现阻抗的匹配。变压器的阻抗变换原理如图 3-17 所示。

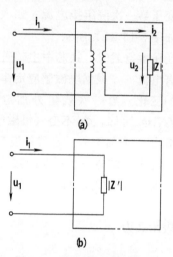

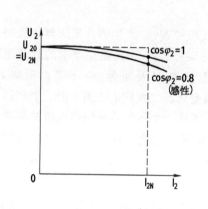

图 3-16　变压器的外特性

图 3-17　变压器的阻抗变换

负载阻抗 $|Z|$ 接在变压器二次绕组电路，图 3-17（a）中点划线框中的部分电路，在图 3-17（b）中可用等效阻抗 $|Z'|$ 来代替。由图 3-17（b）可得

$$\frac{U_1}{I_1} = \frac{\dfrac{N_1}{N_2}U_2}{\dfrac{N_2}{N_1}I_2} = \left(\frac{N_1}{N_2}\right)^2 \frac{U_2}{I_2}$$

因为

$$|Z| = \frac{U_2}{I_2}$$

所以

$$|Z'| = \left(\frac{N_1}{N_2}\right)^2 |Z| = k^2 |Z| \tag{3-23}$$

式（3-23）表明，当变压器二次侧接有负载阻抗时，折算到一次侧的等效阻抗 $|Z'|$ 等于负载阻抗乘以变比的平方，这就是变压器的阻抗变换作用。实际中通过选择适当的匝数比，可将负载阻抗变换为一次侧所需的阻抗值，而负载的性质不变。

例 3-3　如图 3-18 所示，已知某信号源的电压有效值 $U_S = 18V$，内阻 $R_0 = 200\Omega$，负载电阻 $R_L = 8\Omega$。试求：①负载直接与信号源连接时，信号源输出功率；②在阻抗匹配情况下，变压器的变比 k 和此时信号源的输出功率。

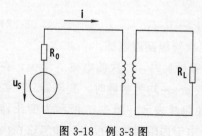

图 3-18　例 3-3 图

解 ①负载直接与信号源连接，信号源输出电流

$$I = \frac{U_S}{R_0 + R_L} = \frac{18}{200 + 8} = 0.0865A$$

$$P = I^2 R_L = 0.0865^2 \times 8 = 0.06W = 60mW$$

② 当阻抗匹配时 $R_L' = R_0 = 200\Omega$，变压器的变比

$$k = \sqrt{\frac{R_L'}{R_L}} = \sqrt{\frac{200}{8}} = 5$$

$$I = \frac{U_S}{R_0 + R_L'} = \frac{18}{200 + 200} = 0.045A$$

输出功率为

$$P = I^2 R_L' = 0.045^2 \times 200 = 0.405 = 405mW$$

三、变压器的功率和效率

变压器负载运行时，二次侧输出功率 P_2 由二次绕组端电压 U_2、电流 I_2 和所接负载的功率因数 $\cos\varphi_2$ 决定，即

$$P_2 = U_2 I_2 \cos\varphi_2 \tag{3-24}$$

变压器的输入功率 P_1 是由输出功率决定的，输入有功功率

$$P_1 = U_1 I_1 \cos\varphi_1 \tag{3-25}$$

式中，φ_1 为 u_1 与 i_1 之间的相位差。

变压器负载运行时，内部损耗包含两部分，即铜损耗和铁损耗。铜损耗是变压器运行时，在其一、二次绕组电阻上所消耗的电功率 ΔP_{Cu}，它与负载电流大小有关。铁损耗是交变主磁通在铁芯中产生的磁滞损耗和涡流损耗，它与铁芯的材料、电源电压及电源频率有关。所以变压器输入功率

$$P_1 = \Delta P_{Cu} + \Delta P_{Fe} + P_2$$

变压器的效率为输出功率 P_2 与输入功率 P_1 的比值，通常用百分数表示，即

$$\eta = \frac{P_2}{P_1} \times 100\% = \frac{P_2}{\Delta P_{Cu} + \Delta P_{Fe} + P_2} \times 100\% \tag{3-26}$$

变压器的功率损耗很小，所以效率很高，大型变压器效率可达 $98\% \sim 99\%$，因此，可认为 $P_2 = P_1$。但从式（3-26）也可以看出，变压器轻载运行或功率因数过低都会使变压器的效率降低，所以变压器应当尽可能接近满载运行，通常变压器负载为额定负载的 $50\% \sim 75\%$ 时效率最高。

变压器额定容量等于二次侧额定电压与额定电流的乘积，即

$$S_N = U_{2N} I_{2N}$$

其单位为 V·A，称为变压器的视在功率。如果忽略变压器损耗，可近似认为变压器一、二次的额定容量近似相等，即

$$S_N = U_{2N} I_{2N} \approx U_{1N} I_{1N}$$

例 3-4 有一单相照明变压器，容量为 $10kV \cdot A$，电压为 380/220V。试求：① 一、二次绕组的额定电流；②在满载情况下，可接多少盏60W、200V白炽灯。

解 ① 一、二次绕组的额定电流为

$$I_{2N} = \frac{S_N}{U_{2N}} = \frac{10 \times 10^3}{220} = 45.45A$$

$$I_{1N} = \frac{S_N}{U_{1N}} = \frac{10 \times 10^3}{380} = 26.32A$$

② 白炽灯额定电流为

$$I_N = \frac{P_N}{U_N} = \frac{60}{220} = 0.273A$$

变压器可接白炽灯数为

$$N = \frac{I_{2N}}{I_N} = \frac{45.45}{0.273} = 166.5盏$$

所以变压器满载时可接入 166 盏白炽灯。

四、变压器绕组的同极性端和连接

变压器的一、二次绕组绕在同一铁芯柱上，与主磁通交链，交变磁通在变压器一、二次绕组中产生感应电动势，没有固定的极性。但对变压器一、二次绕组而言，有一个相对极性问题。当一次绕组某一端瞬时电位为正时，二次绕组必定有一端瞬时电位为正，则这两个高电位对应的端点，称为变压器的同极性端或"同名端"，通常用"·"表示。

同极性与变压器绕组的绕向有关。对于已知绕制方向的两个绕组，如图 3-19（a）所示。同极性端判别方法为：两绕组通入电流，用右手螺旋定则确定它们的磁通方向，若磁路中磁通方向一致，则两个绕组电流流入端（1 和 3 端）为变压器同名端。其电流流出端（2 和 4 端）也为同名端。在使用变压器时，有时会遇到绕组的连接问题。例如一台变压器，一次绕组有相同的两个绕组，每个绕组额定电压为 110V，当电源电压为 220V 时，两线圈应当串联使用。可将它们各自的一个异性端（2 和 3 端）相连，余下两端（1 和 4 端）分别接电源，如图 3-19（b）所示。当电源电压为 110V 时，两线圈应当并联，即将它们的同极性端（1 和 3 端，2 和 4 端）相连，然后再分别接入电源，如图 3-19（c）所示。如果绕组连接错误，两个线圈所产生磁势相反，互相抵消，铁芯中磁通为零，绕组中不产生感应电动势，仅有绕组自身电阻，则绕组中将流过较大电流，从而把变压器烧毁。

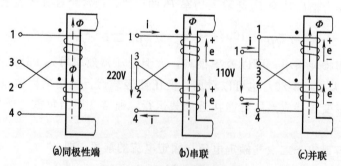

（a）同极性端　　　　　　（b）串联　　　　　　（c）并联

图 3-19　变压器绕组的连接

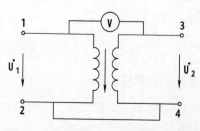

图 3-20　交流法测定变压器绕组的极性

对于已制成变压器，由于经过浸漆及其他工艺处理，在无法判别绕组绕向时，可采用实验方法判别同名端。用交流法测定绕组极性电路如图 3-20 所示。将两个绕组的任意两端（如 2 和 4 端）连在一起，然后在某一个绕组两端（如 1 和 2 端）加一个较低的电压，用电压表测量电压 U_{13}，及两个绕组电压 U_{12}、U_{34}，如果 U_{13} 是两个绕组电压之和，则 1 和 4 端为同名端。如果

U_{13}是两个绕组电压之差，则1和3端是同名端。

习　题

一、填空

1. 铁磁材料可分为_____和_____两类。

2. 铁磁材料中的能量损耗有_____和_____两种。

3. 小型变压器的基本机构主要由_____和_____两部分组成。

4. 变压器的铁芯由_____叠制而成，目的是为了减小_____和_____。

5. 变压器是可以实现变换_____、_____和_____作用的电气设备。

6. 变压器的输入功率是由_____决定的。

7. 变压器运行中，绕组中电流的热效应所引起的损耗称为_____损耗；交变磁场在铁芯中所引起的_____损耗和_____损耗合称为_____损耗。

8. 电源电压不变，当副边电流增大时，变压器铁芯中的工作主磁通Φ将_____。

二、判断题

1. 变压器的损耗越大，其效率就越低。（　　　）

2. 变压器从空载到满载，铁芯中的工作主磁通基本不变。（　　　）

3. 变压器是依据电磁感应原理工作的。（　　　）

4. 变压器的原绕组就是高压绕组。（　　　）

三、问题与计算

1. 什么是变压器的电压比？确定变压比有哪几种方法？

2. 变压器的负载增加时，其原绕组中电流怎样变化？铁芯中主磁通怎样变化？

3. 制造电阻箱中的电阻元件时，要把电阻线绕在绝缘轴上，由于绕组的圈数很多，电阻元件也成了电感线圈，影响了它的准确度。为了将电感减到最小，可采用双线绕法，如图3-21所示。电流由一端流入，由另一端流出，这样就制成无感电阻，这是什么道理？

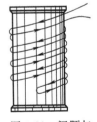

图3-21　问题与
计算3图

4. 有一单相照明变压器容量为10kV·A，电压为3300/220V。今欲在副绕组接上60W、220V的白炽灯。如果要变压器在额定情况下运行，这种白炽灯可接多少个？并求原、副绕组的额定电流。

第四章 半导体元件及其应用

半导体元件具有体积小、重量轻、耗电少、寿命长、成本低且工作可靠等优点，获得了广泛的应用。本章主要讲述二极管、三极管、晶闸管和场效应管等常用半导体元件的特性和主要参数，并介绍由半导体元件组成的基本电路的应用。

第一节 半导体元件

一、半导体基础知识

半导体是指导电能力介于导体和绝缘体之间的物质。自然界中属于半导体的物质很多，用来制造半导体器件的材料主要是硅（Si）、锗（Ge）和砷化镓（GaAs）等。半导体的导电性能会因外界某些条件的改变而发生很大的变化，正是利用半导体的结构和特有的导电机理，可制成各种各样的电子器件。

（一）半导体的导电特性

纯净的半导体称为本征半导体。用来制造半导体器件的纯硅和锗都是四价元素，其最外层原子轨道上有四个电子，称为价电子。当半导体材料通过一定的工艺制成单晶体时，原子都整齐而有规律地排列着。在半导体的晶体结构中，两个相邻原子的价电子形成电子对，称为共价键结构。图 4-1 所示为硅单晶共价键结构示意图。共价键具有较强的结合力，束缚着价电子。当价电子获得外界能量（如温度、光照或辐射等），某些价电子就会挣脱原子核的束缚而成为自由电子（又称电子载流子），并在共价键中留出空位，称为空穴（又称空穴载流子）。自由电子和空穴总是成对出现。

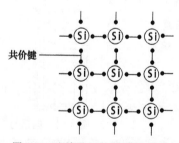

图 4-1 硅单晶的共价键平面图

在电场作用下，半导体中自由电子和空穴将作定向运动，参与导电，分别形成电子电流和空穴电流。但因常温下本征半导体中的自由电子和空穴浓度很低，因此导电能力很弱。

（二）PN 结

1. N 型半导体和 P 型半导体

为了提高半导体的导电能力，可在本征半导体中掺入微量杂质元素，掺杂后的半导体称为杂质半导体。按掺入杂质不同，可得到 N 型和 P 型两种杂质半导体。

如果在纯净的半导体硅中掺入微量的五价元素磷（或砷等），掺入的磷原子取代了某些位置上的硅原子，由于所掺入的磷原子数量极微，不会改变硅单晶的共价键结构，如图 4-2（a）所示。这样，每一个磷原子除有四个价电子与相邻硅原子组成共价键外，还多出一个电子，它不受共价键束缚，很容易挣脱原子核的束缚，成为自由电子。这种杂质半导体中电子是多数载流子，空穴是少数载流子，导电以电子为主，故称为电子型半导体或 N 型半导体。

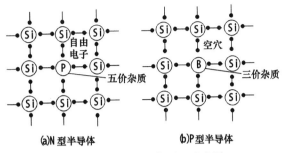

图 4-2　掺杂半导体平面示意图

同样，如果在纯净的半导体硅中掺入微量的三价元素硼（或铟等），在组成共价键时，每一个硼原子就会因缺少一个价电子而形成一个空穴，邻近原子中的价电子很容易填补这个空穴，在原位置则留下一个空穴，再由其他价电子来填补，如图4-2（b）所示。这种价电子填补空穴的运动，相当于带正电荷的空穴朝相反方向运动。所以，在半导体中有大量空穴载流子，这种杂质半导体中空穴是多数载流子，电子是少数载流子，导电以空穴为主，故称为空穴型半导体或 P 型半导体。

需要指出的是，杂质半导体中虽然有一种载流子占多数，但整个半导体仍呈电中性。少数载流子浓度主要与光照、温度有关，温度越高热运动越强烈，少数载流子数目越多。

2. PN 结及其单向导电性

（1）PN 结的形成　当通过一定的生产工艺，将 P 型半导体和 N 型半导体紧密结合在一起，则在 P 型和 N 型半导体交界处，由于空穴和电子浓度差引起载流子运动，即扩散运动。如图 4-3（a）所示，在交界处 N 区一侧留下带正电的正离子，P 区一侧留下带负电的负离子，形成一空间电荷区，又称内电场，其方向由 N 区指向 P 区，如图 4-3（b）所示。内电场的形成，将阻碍扩散的进行。当浓度差引起的扩散力与内电场产生的阻力相等时，达到动态平衡，空间电荷区的宽度一定，形成了所谓的 PN 结。

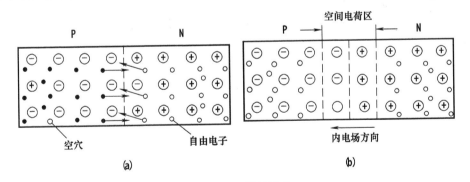

图 4-3　PN 结的形成

（2）PN 结的单向导电性　在 PN 结加上如图 4-4（a）所示正偏电压，即 P 端为正，N 端为负。此时，外电场与 PN 结内电场方向相反，削弱了内电场，使空间电荷区变窄，扩散运动增强，形成较大的正向电流（扩散电流）。PN 结正向导通，其正向导通电阻很小，相当于开关闭合。相反，如果给 PN 结外加反偏电压，即 P 端为负，N 端为正，如图 4-4（b）所示。这时，外电场与 PN 结内电场的方向一致，使空间电荷区变宽，内电场增强，使扩散运动难以进行。少数载流子在电场作用下移动，形成极少量的反向电流。反映出其反向电阻很大，相当于开关断开，称为 PN 结反向截止。可见，PN 结正向偏置时导通，反向偏置时截止，因此，PN 结具有单向导电特性。

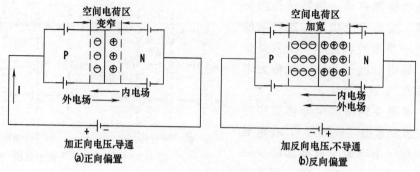

图 4-4　PN 结的单向导电性

二、半导体二极管

1. 基本结构

半导体二极管是在 PN 结两侧引出金属电极并用管壳封装而成，如图 4-5（a）、（b）所示。P 区引出的电极称为正极或阳极，N 区引出的电极称为负极或阴极，其图形符号如图 4-5（c）所示。二极管有点接触型和面接触型两类：点接触型二极管的特点是 PN 结的面积小，允许通过的电流较小，但它的等效结电容小（PN 结具有电容效应），适用于高频和小电流的工作电路；而面接触型二极管结构特点是 PN 结面积大，允许通过的正向电流大，但它相应等效结电容也大，一般用于低频大功率整流电路。

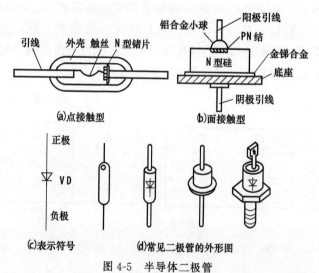

图 4-5　半导体二极管

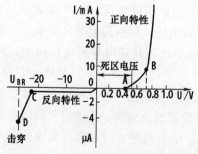

图 4-6　硅二极管的典型伏安特性

2. 伏安特性

伏安特性是描述二极管端电压与通过电流之间的关系特性曲线。二极管伏安特性如图 4-6 所示。

（1）正向特性　当二极管两端所加正向电压较小时，正向电流很小，几乎为零，二极管呈高阻状态，这段区域称为死区。当正向电流开始呈明显增大时，所对应的电压值，称为死区电压。常温下硅管的死区电压约为 0.5V，锗管约为 0.2V。当二极管两端电压大于死区电压后，随着正向电压的增大电流迅速增大，二极管正向电流在较大范围内变化，其端电压几乎维持不变。这个近似于恒定的电压对于二极管正向导通是必需的，因而称为二极管正向压降，简称管压降。由正向特性曲线中近似直线的部分作伏安特性曲线的切线，并与电压坐标轴相交，便可得到二极管导通时管压降的数值，如图中虚线所示。在室温下，硅二极管的管压降为 0.6～0.8V，锗二极管的管压降为 0.1～0.3V。

（2）反向特性　当二极管两端施加反向电压时，由于 PN 结反偏时电阻很大，所以只有很微小的反向电流，二极管处于截止状态。反向电流为少数载流子运动形成，只与温度有关，而与反向电压大小无关。反向电流越大，说明二极管的单向导电性能越差。当反向电压继续增大超过一定数值时，反向电流会急剧增大。这种现象称为二极管反向击穿，发生击穿时的电压称为反向击穿电压，二极管反向击穿将造成二极管永久损坏。

3. 主要参数

二极管的参数很多，就其主要参数介绍如下。

（1）最大整流电流 I_F　二极管长期工作时允许通过的最大正向平均电流值。使用中若工作电流超过该值，二极管会因过热而损坏。

（2）最高反向工作电压 U_{DRM}　二极管在使用时允许加的最大反向电压。使用中二极管实际承受的最大反向电压一般约为击穿电压的一半。

三、稳压管

1. 稳压管的工作特性

稳压管是一种特殊工艺制造的面接触型半导体硅二极管，其伏安特性如图 4-7 所示。它的正向特性曲线与普通二极管类似，反向特性曲线较陡。反向电压较小时，反向电流几乎为零。当外加反向电压达到 U_{Zmin} 数值后，反向电流急剧增加，而稳压管两端的电压基本不变。利用这一特性，稳压管在电路中能起稳压作用。

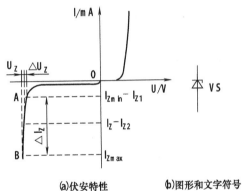

图 4-7　稳压管的伏安特性与符号

把最小击穿电压 U_{Zmin} 到最大击穿电压 U_{Zmax} 变化范围称为稳压管的击穿区，稳压管工作在反向击穿区，只要稳压管反向电流不超过允许范围值 I_{Zmax}，其击穿是可逆的。当去掉反向电压后，它能恢复到击穿前的状态，也就是说它是一种"软击穿"，可反复使用。

2. 稳压管的主要参数

（1）稳定电压 U_Z　即反向击穿电压，手册中所列的都是在一定条件（工作电流、温度）下的数值。但由于制造工艺的分散性，即使是同一型号的稳压管，其 U_Z 值也不完全相同。

（2）稳定电流 I_Z　指稳压管保持稳定电压时的工作电流，当流过电流大于 I_{Zmax} 时，稳压管将过热损坏。

（3）最大耗散功率 P_{Zm}　稳压管所允许的最大功耗，超过此功耗稳压管将热击穿而损坏，$P_{Zm}=U_Z I_{Zmax}$。

四、半导体三极管

半导体三极管是由两个 PN 结构成的三端半导体元件，简称三极管。

（一）三极管的结构

三极管的外形及管脚极性如图 4-8 所示。三极管可分为 NPN 型和 PNP 型两种类型，结构和图形符号如图 4-9 所示。三极管分为三个区域：发射区、基区和集电区。引出三个管脚分别为发射极 E、基极 B 和集电极 C。靠近集电区的 PN 结称为集电结，靠近发射区的 PN 结称为发射结。发射极箭头方向代表三极管中电流的方向。

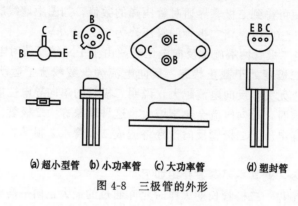

(a) 超小型管　　(b) 小功率管　　(c) 大功率管　　　(d) 塑封管

图 4-8　三极管的外形

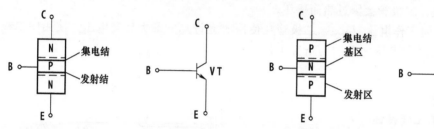

(a) NPN 型管的内部结构图　(b) NPN 型管的图形和文字符号　(c) PNP 型管的内部结构图　(d) PNP 型管的图形和文字符号

图 4-9　三极管的结构和图形符号

（二）三极管的电流放大作用

三极管电流放大作用可用图 4-10 所示的测试电路的测量结果来说明。电路中，调节 R_B 使 I_B 依次为 $0\mu A$、$20\mu A$、$40\mu A$、$60\mu A$、$80\mu A$，同时读出各 I_B 对应的 I_C、I_E 的值，记录于表 4-1 中。分析表中数据，可得以下五个结论。

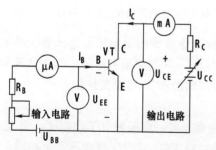

图 4-10　三极管电流放大作用的测试电路

① 三极管各极间的电流分配关系符合基尔霍夫电流定律。即

$$I_E = I_C + I_B \tag{4-1}$$

② 基极电流 I_B 增大时，I_C 成比例相应增大，I_C 与 I_B 的比值为

$$\bar{\beta} = I_C / I_B, 或 I_C = \bar{\beta} I_B \tag{4-2}$$

$\bar{\beta}$ 称为直流电流放大系数，体现了三极管的电流放大能力。表 4-1 中第三组数据代入式 (4-2)，得

$$\bar{\beta} = \frac{I_C}{I_B} = \frac{1.40}{0.04} = 35$$

③ 集电极电流 I_C 会因基极电流 I_B 的变化而变化。集电极电流变化量 ΔI_C 与基极电流变化量 ΔI_B 的比值称为三极管交流电流放大系数，以 β 表示：

$$\beta = \Delta I_C / \Delta I_B \tag{4-3}$$

表 4-1 三极管电流测量数据

电流 \ 测量次数	1	2	3	4	5
基极电流 $I_B/\mu A$	0	20	40	60	80
集电极电流 I_C/mA	<0.001	0.70	1.40	2.10	2.80
发射极电流 I_E/mA	<0.001	0.72	1.44	2.16	2.88
$\overline{\beta}=I_C/I_B$		35	35	35	35

可见三极管电流放大的实质是以较小电流变化（ΔI_B），对较大电流变化（ΔI_C）的控制作用，并不是真正把微小电流放大。比较表 4-1 第三、第四列数据：

$$\Delta I_C=2.1-1.4=0.7\text{mA}$$

$$\Delta I_B=0.06-0.04=0.02\text{mA}=20\mu A$$

$$\beta=\frac{\Delta I_C}{\Delta I_B}=\frac{0.7}{0.02}=35$$

可见，$\overline{\beta}=\beta$，因此实际中电流放大系数常用 β 表示。必须指出，β 值与三极管工作区域及温度变化有关，在放大区域工作时，β 可视为一个常数。

④ 三极管的放大作用源自于其内部结构和必要的外部条件。这个外部条件是指外加电源使三极管的发射结处于正向偏置，集电结处于反向偏置。

⑤ 基极开路时，$I_B=0$，$I_C=0.001\text{mA}$，这个微小的集电极电流称为穿透电流，用 I_{CEO} 表示。该值越小，三极管质量越好。

（三）三极管的伏安特性曲线

三极管的伏安特性可由图 4-10 所示测量电路获得。用这种方法得到的关系曲线，与手册上给出的特性曲线有一定的差异。因为手册上给出的特性曲线是使用脉冲电压和脉冲电流测量获得的，这样做是为了抑制由于本征发热所产生的温度影响。

1. 输入特性曲线

输入特性曲线是在 U_{CE} 为定值时，基极电流 I_B 与基-射极电压 U_{BE} 之间的关系，即

$$I_B=f(U_{BE})\mid_{U_{CE}=\text{常数}}$$

三极管输入特性曲线见图 4-11（a）所示，显然它与二极管正向特性曲线类似。三极管正常导通时，硅管发射结电压 U_{BE} 约为 0.7V，锗管约为 0.3V。

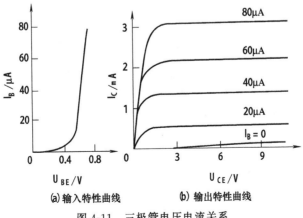

(a) 输入特性曲线   (b) 输出特性曲线

图 4-11 三极管电压电流关系

2. 输出特性曲线

输出特性曲线如图 4-11（b）所示，它表明在一组基极电流作用下，集电极电流 I_C 和集电极-发射极电压 U_{CE} 之间的关系，即

$$I_C = f(U_{CE}) \mid_{I_B=常数}$$

由特性曲线可知：

① 每条特性曲线对应不同的基极电流，也就是说在相同的 U_{CE} 作用下，改变 I_B 也可以改变 I_C 的值；

② 曲线中间那段相互平行的区域表明 I_C 与 U_{CE} 无关，即具有恒流特性。

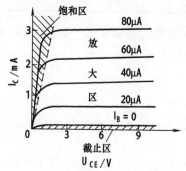

图 4-12　三极管的三个工作区域

（四）三极管的工作状态

根据三极管集电结和发射结的偏置情况，可以在它的输出特性曲线上划分三个区域，如图 4-12 所示。它对应三极管的三种工作状态。

（1）放大状态　工作在放大区的三极管处于放大状态。此时满足三极管发射结正偏，集电结反偏。在这种情况下，I_C 受 I_B 控制，其控制量为 β，即 $I_C = \beta I_B$。

（2）截止状态　截止区为 $I_B = 0$ 曲线以下区域。该区域三极管发射结反偏或零偏（此时集电结为反偏）。I_C 几乎为零，U_{CE} 近似为电源电压 U_{CC}，集电极和发射极之间相当于一个断开的开关。

（3）饱和状态　饱和区发射结和集电结皆处于正偏，$I_C = \beta I_B$ 的关系不成立。I_B 的变化几乎不影响 I_C，即 I_B 失去了对 I_C 的控制能力。三极管工作在饱和区，集电极和发射极之间完全导通，管压降很小，饱和时管压降称为饱和压降，用 U_{CES} 表示。一般情况下，锗管为 0.1V，硅管为 0.3V，都可以近似看成 0V。三极管的集电极-发射极之间，相当于一个闭合的开关。

（五）主要参数

对三极管的评价除了通过特性曲线外，还可以通过参数来给出。三极管参数可分成极限参数、静态参数和动态参数。

1. 极限参数

极限参数是由制造厂家规定给出的，不允许超过的最高参数。否则，将会引起元件参数的改变，缩短其使用寿命甚至完全损坏。

（1）集电极最大允许电流 I_{CM}　它是指三极管正常工作时，集电极所允许的最大电流，使用时不能超过此值，否则三极管 β 值会降低，放大性能变差。

（2）集电极反向击穿电压 $U_{CEO(BR)}$　基极开路时，集电极-发射极允许施加的最大电压。超过此值，三极管会被击穿而损坏。

（3）集电极最大允许耗散功率 P_{CM}　集电极电流流过集电结时，使结温升高，导致三极管发热，引起晶体管参数变化。在参数变化不超过允许值时，集电极所消耗的最大功耗定义为 P_{CM}。根据功耗的公式 $P_{CM} = I_C U_{CE}$，可得出 P_{CM} 是一条双曲线，简称管耗线，P_{CM} 曲线如图 4-13 所示。

2. 静态参数

静态参数表明三极管的直流特性。静态参数有电流放大系数和穿透电流等。

（1）直流电流放大系数 $\bar{\beta}$ 表征三极管电流放大能力的参数。根据用途不同常在 20～200 之间选用。

（2）穿透电流 I_{CEO} I_{CEO} 为基极开路时，集电极-发射极间加上规定电压时，从集电极到发射极之间的电流，称穿透电流。其值受环境温度影响较大，它是衡量三极管温度特性的最重要参数。其值越小，三极管的温度特性越好。

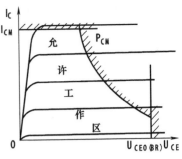

图 4-13 三极管的管耗曲线

3. 动态参数

描述三极管在交流量激励控制下或脉冲驱动时的特性。动态参数有结电容、开关时间等。

五、晶闸管

晶闸管是硅晶体闸流管的简称，又称可控硅。它是一种大功率变流器件，包括普通晶闸管、双向晶闸管、快速晶闸管、可关断晶闸管、光控晶闸管和逆导晶闸管等。这里主要介绍使用较广泛的普通晶闸管。

1. 晶闸管的结构及工作原理

晶闸管是一种大功率 PNPN 四层半导体元件，常用的晶闸管的外形结构如图 4-14 所示。图 4-14（a）为螺栓式，用于大电流、大功率电路；图 4-14（b）为平板式，用于中小功率电路；图 4-14（c）为塑料封装式，常制成小电流、小功率器件。大功率晶闸管工作时发热较大，必须安装散热器。其中，螺栓式晶闸管是用螺栓固定在铝制散热器上的；平板式则由两个彼此绝缘的散热器将晶闸管夹在中间。

晶闸管的内部原理结构，如图 4-15 所示。管芯由四层半导体（$P_1N_1P_2N_2$）、三个 PN 结 J_1、J_2、J_3 组成，三个引出端分别为阳极 A、阴极 K 和门极（又称控制极）G。

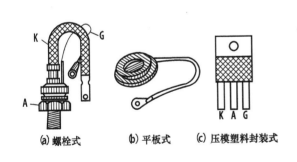

(a) 螺栓式　　(b) 平板式　　(c) 压模塑料封装式

图 4-14 晶闸管的外形结构图

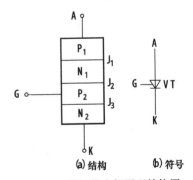

(a) 结构　　(b) 符号

图 4-15 晶闸管内部原理结构图

实验结论证明，晶闸管像二极管一样，具有单向导电特性，电流只能从阳极流向阴极。当晶闸管加上反向电压（A 端为负，K 端为正）时，J_1、J_3 结处于反偏，晶闸管中只有极小的反向漏电流从阴极流向阳极，晶闸管处于反向阻断状态。当晶闸管加上正向电压（A 端为正，K 端为负）时，J_2 结处于反偏，晶闸管仍不能导通，呈正向阻断状态。要使晶闸管正向导通，除加正向电压外，还必须同时在门极与阴极之间加上一定的正向门极电压 U_G。好像一条有闸门的河流，有水位差，河水还不能流通，还必须把控制闸门打开，门极就是起闸门控制作用，这就是晶闸管所特有的闸流特性，也就是可控特性。

当晶闸管加上正向阳极电压后，门极加上适当的正向门极电压，使晶闸管导通的过程称为触发。晶闸管一旦触发导通后，门极就对它失去控制作用，因此通常在门极只要加上一个正向脉冲电压即可，称之为触发电压。

要使已经导通的晶闸管恢复阻断，可降低阳极电压或增大负载电阻，使流过晶闸管的阳极电流 I_a 减小，当电流 I_a 减至一定值时（约几十毫安），晶闸管中电流会突然降为零，之后再调高电压或减小负载电阻，电流也不会再增大，说明晶闸管已经恢复阻断。当门极断开时，维持晶闸管导通所需要的最小阳极电流称维持电流 I_H。

2. 晶闸管的主要参数

（1）正向阻断峰值电压 U_{FRM} U_{FRM} 又称正向重复峰值电压，是在额定结温（100℃）、门极开路的情况下，允许重复加在晶闸管阳极和阴极之间的正向电压。

（2）反向阻断峰值电压 U_{RRM} U_{RRM} 又称反向重复峰值电压，是在额定结温、门极开路情况下，允许重复加在晶闸管阳极和阴极之间的反向电压。

（3）额定通态平均电流 I_T 在环境温度不超过 40℃ 和规定的散热及全导通条件下，晶闸管允许正向连续通过的工频正弦半波电流在一个周期内的平均值。

（4）门极电压 U_G 室温下，在晶闸管阳极、阴极之间加正向直流电压为 6V 时，能使晶闸管导通的最小触发电压值。实际使用中应稍大于这个值。

晶闸管正向高电压、大功率方向发展，目前已制造出电流在千安以上，电压达上万伏的晶闸管。

六、MOS 场效应晶体管

MOS 场效应晶体管是金属-氧化物-半导体绝缘栅场效应晶体管的简称。它是一种三端半导体元件，具有输入阻抗高、制造工艺简单、易于集成等特点，广泛用于制造大规模和超大规模的集成电路中。

（一）结构特点

MOS 管的结构如图 4-16 所示，它是由一个掺杂浓度低的 P 型（或 N 型）硅片作为衬底，在衬底上扩散两个掺杂浓度高的 N 型区（或 P 型区），并引出两个电极分别称为源极 S 和漏极 D。两个 N（或 P）区中间的半导体表面上有一层二氧化硅薄膜，叫绝缘栅，其上再覆盖一层金属薄膜，构成栅极 G。

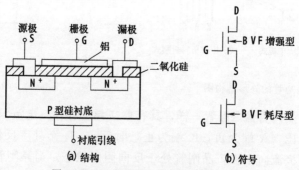

图 4-16 N 沟道 MOS 管的结构及符号

为了使两个 N 型（或 P 型）区导通，必有导电薄层在中间建立，其类型应与衬底相反，称其为反型层。根据反型层的类型不同，MOS 管可分为 N 沟道和 P 沟道两种。若反型层在制造 MOS 管时就形成，称为耗尽型；若是在工作时加适当的电压后形成的，则称为增强型。MOS 管的图形符号见表 4-2。

表 4-2   MOS 管的图形符号

N 沟 道		P 沟 道	
增强型	耗尽型	增强型	耗尽型
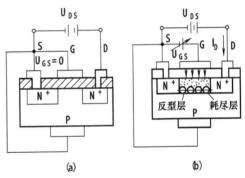			

（二）导电原理

由于 N 沟道与 P 沟道两类场效应管的工作原理相同，只是外接电源的极性相反，这里仅以 N 沟道增强型场效应管为例说明其导电原理。

如图 4-17（a）所示，在漏极 D 和源极 S 之间加上正向电压 U_{DS}（即 D 端为正，S 端为负），当 $U_{GS}=0$ 时，由于漏极与衬底之间的 PN 结处于反向偏置，漏源极间无导电沟道，漏极电流 $I_D=0$，场效应管处于截止状态。当 $U_{GS}>0$ 时，如图 4-17（b）所示，P 型衬底界面（靠绝缘栅一侧）就会感应出一层电子，即为 N 型层（或反型层）。当 U_{GS} 增加到某一临界电压时，两个分离的 N 型区便会接通，形成 N

图 4-17   N 沟道 MOS 管的工作原理

型导电沟道，便产生漏极电流 I_D，MOS 管此时处于导通状态，这个临界电压即为开启电压 U_T。显然 U_{GS} 继续增大，导电沟道就会随之加宽，I_D 也就相应增大。

可见，场效应晶体管是一种电压控制器件，即利用栅极电压 U_{GS} 控制漏极电流 I_D，实质上就是控制导电沟道电阻的大小。与三极管相比，场效应晶体管只有一种载流子参加导电，所以场效应管也称为单极型晶体管。而三极管中两种载流子（电子与空穴）都参与导电，所以三极管也称为双极型晶体管。

第二节   半导体三极管交流放大电路

三极管的主要用途，是利用其放大作用组成放大电路。所谓放大电路，是把微弱的电信号（电压或电流）不失真地放大到所需的数值。三极管放大电路广泛地应用于焊接设备、工业自动控制以及测量等领域。

一、共发射极交流放大电路

（一）基本放大电路的组成

共发射极放大电路基本结构如图 4-18 所示。输入信号 u_i 通过电容 C_1 从三极管的基极和

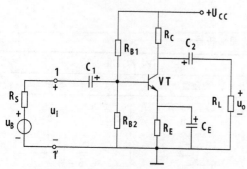

图 4-18 共发射极放大电路基本结构

发射极之间输入。输出信号 u_o 从三极管集电极和发射极之间经 C_2 传递到负载 R_L。可见，发射极是输入、输出回路的公共端，因此将这种放大电路称为共发射极放大电路。

电路中各元件的作用如下。

三极管 VT——NPN 型三极管，具有电流放大作用。

直流电源 U_{CC}——是整个放大电路的能源，保证集电结为反向偏置，使三极管处于放大状态。其数值一般为几伏到十几伏。

集电极负载电阻 R_C——将三极管电流放大作用转换成电压放大作用。其阻值一般为几千欧到十几千欧。

基极偏置电阻 R_{B1}、R_{B2}——将电源电压降到一个合适的数值，保证三极管发射结正向偏置，使三极管有合适的静态工作点，其数值一般为几十千欧到几百千欧。

耦合电容 C_1、C_2——又称"隔直通交"电容，在电路中起传输交流信号、隔断直流与信号源、负载之间的直流通路。在低频放大电路中常采用电解电容，其数值一般为十几微法到几十微法。

发射极旁路电容 C_E——用以短路交流，使 R_E 对放大电路的电压放大倍数不产生影响。通常采用电解电容。

由图 4-18 可见，三极管的基极偏置电压，是由直流电源 U_{CC} 经过 R_{B1}、R_{B2} 分压获得，所以此电路又称为分压偏置式工作点稳定的放大电路。

（二）放大电路的直流通路

放大电路的直流通路是指描述放大电路直流工作状态的电路，用作放大电路的静态分析。当放大电路只有直流作用时，电容因"隔直"作用处于断开状态，得到图 4-19（a）所示的电路，即直流通路。

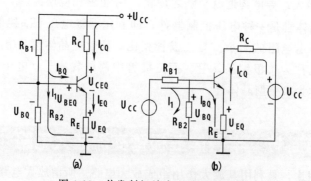

图 4-19 共发射极放大电路的直流通路

为计算方便，将图 4-19（a）转化成图 4-19（b），当放大器处于静态时，电路中各静态值 I_B、I_C 和 U_{CE}，与三极管输入输出特性曲线上某点坐标相对应，故称为放大电路的静态工作点，用字母 Q 表示。为了区别其他值，静态值用 I_{BQ}、I_{CQ}、U_{CEQ} 表示，如图 4-20 所示。

1. 静态工作点的估算

当流过 R_{B1}、R_{B2} 的直流电流 I_1 远大于基极电流 I_{BQ} 时，可得到三极管基极直流电压

$$U_{BQ} \approx \frac{R_{B2}}{R_{B1}+R_{B2}} U_{CC} \qquad (4\text{-}4)$$

由于 $U_{EQ}=U_{BQ}-U_{BEQ}$，所以三极管发射极直流电流为

$$I_{EQ}=\frac{U_{BQ}-U_{BEQ}}{R_E} \qquad (4\text{-}5)$$

三极管集电极、基极的直流电流分别为

$$I_{CQ} \approx I_{EQ}, I_{BQ} \approx \frac{I_{EQ}}{\beta} \qquad (4\text{-}6)$$

三极管 C、E 极之间的直流管压降为

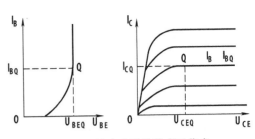

图 4-20　放大电路的静态工作点

$$U_{CEQ}=U_{CC}-I_{CQ}R_C-I_{EQ}R_E \approx U_{CC}-I_{CQ}(R_C+R_E) \qquad (4\text{-}7)$$

上述公式为放大电路静态工作点电流、电压的近似计算公式。

2. 静态工作点的合理设置

为保证放大器正常无失真地放大交流信号，必须合理地设置静态工作点。图 4-21 分别显示了静态工作点设置偏低和偏高两种情况下引起的失真情况。

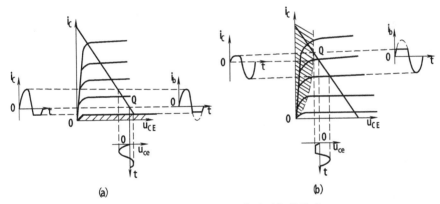

图 4-21　静态工作点不合适引起的失真

工作点选得过低 [见图 4-21 (a)]，会导致放大管进入截止区，引起截止失真；工作点选得过高 [见图 4-21 (b)]，放大管进入饱和区，引起饱和失真。

为了避免截止失真和饱和失真情况的发生，静态工作点选择在直流负载线中部较合适，直流负载线由式 (4-7) 得到，横轴坐标为 $(0, U_{CC})$，纵轴坐标为 $\left(\dfrac{U_{CC}}{(R_C+R_E)}\right), 0)$。

3. 静态工作点的稳定

由于三极管的 β、$I_{CBO}(I_{CEO})$ 和 U_{BE} 等参数都与工作温度有关，放大电路的静态工作点会随着工作温度的变化而漂移，这不但会影响放大倍数等性能参数，严重时还会造成输出波形的失真，甚至使放大电路无法正常工作。分压式偏置电路可以较好地解决这一问题。

若图 4-18 所示的电路满足 $I_1 \geqslant (5 \sim 10)I_{BQ}$ 和 $U_{BQ} \geqslant (5 \sim 10)U_{BEQ}$，由式 (4-5) 可见，$U_{BQ}$ 与温度无关。

当温度上升时，$I_{CQ}(I_{EQ}) \uparrow$，R_E 上的压降 $I_{EQ}R_E \uparrow$，回送到基极发射极回路，$U_{BEQ} \downarrow \rightarrow$ $[U_{BQ(\text{不变})}-I_{EQ}R_E \uparrow] \rightarrow I_{BQ} \downarrow \rightarrow I_{CQ} \downarrow$，从而牵制了 $I_{CQ}(I_{EQ})$ 的增加，使 I_{CQ} 基本维持稳定。这就是负反馈作用，它是利用直流电流 $I_{CQ}(I_{EQ})$ 的变化而实现负反馈作用的，所以称为直流电流负反馈。

由以上分析不难理解分压式电流负反馈偏置电路中，当更换不同参数三极管时，其静态工作点电流 I_{CQ} 可基本维持稳定。

需要指出的是，由于旁路电容 C_E 的作用，交流信号不经过电阻 R_E，所以上述过程不会对交流信号起负反馈的作用。

（三）放大电路的微变等效电路

微变等效电路法就是当输入信号比较小时，三极管工作在特性曲线的小区域内可视为直线，从而可用一线性等效电路来替代三极管，利用线性电路的原理来分析放大电路的工作情况。

1. 三极管微变等效电路模型

三极管的输入特性是非线性的，但如果只考察工作点附近并输入微小的交流信号，这时工作点附近小范围内的那段特性就可以看成是线性的，即可以用一个线性电阻来等效。

$$r_{be} = \frac{\Delta U_{be}}{\Delta I_b}$$

r_{be} 称为三极管的输入电阻，注意它不是三极管输入端直流电阻（万用表测量的欧姆值）。实际应用中，低频小功率三极管常采用以下公式对该电阻估算：

$$r_{be} = 300\Omega + (1+\beta)\frac{26\text{mV}}{I_{EQ}(\text{mA})} \tag{4-8}$$

式中，β 为三极管电流放大系数；I_{EQ} 为发射极静态电流；r_{be} 一般为 1kΩ 左右。

由第一节内容可知，三极管集电极与发射极之间具有恒流源的特性。只不过这个恒流源受 I_b 的控制，即 $I_c = \beta I_b$，所以三极管可等效成如图 4-22 所示的电路模型。

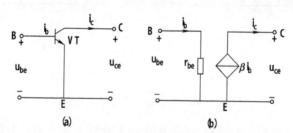

图 4-22 三极管微变等效电路

2. 共发射极放大电路的微变等效电路

在图 4-18 所示电路中，由于 C_1、C_2、C_E 的容量均较大，对交流信号可视为短路，直流电源 U_{CC} 的内阻很小，对交流信号也可视为短路，这样便可得到图 4-23（a）所示的交流通路。将晶体管 VT 用微变电路模型代入，便得到放大电路的微变等效电路，如图 4-23（b）

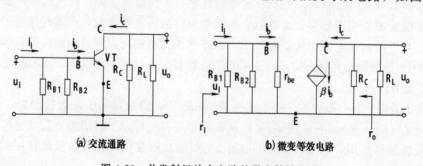

(a) 交流通路　　　　　　　(b) 微变等效电路

图 4-23 共发射极放大电路的微变等效电路

所示。根据此电路可得出放大电路的下列性能指标关系式。

（1）电压放大倍数

$$\Delta U_o = -\Delta I_c R'_L = -\beta \Delta I_b R'_L$$

$$\Delta U_i = \Delta I_b r_{be}$$

式中，$R'_L = R_C /\!/ R_L$。所以，放大电路的电压放大倍数等于

$$A_u = \frac{\Delta U_o}{\Delta U_i} = \frac{-\beta \Delta I_b R'_L}{\Delta I_b r_{be}} = -\beta \frac{R'_L}{r_{be}} \tag{4-9}$$

式中，负号说明输出电压 u_o 与输入电压 u_i 反相。

（2）输入电阻　由图 4-23 所示微变等效电路可知，输入电阻

$$r_i = R_{B1} /\!/ R_{B2} /\!/ r_{be} \tag{4-10}$$

因共射放大电路 r_{be} 值较小，输入电阻 $r_i \approx r_{be}$，所以共射放大电路输入电阻较低。

（3）输出电阻　由图 4-23 所示微变等效电路可知，放大电路的输出电阻

$$r_o = R_C \tag{4-11}$$

例 4-1　图 4-18 所示的电路中，已知三极管 $\beta = 100$，$U_{BEQ} = 0.7\text{V}$，$R_{B1} = 62\text{k}\Omega$，$R_{B2} = 20\text{k}\Omega$，$R_C = 3\text{k}\Omega$，$R_E = 1.5\text{k}\Omega$，$R_L = 5.6\text{k}\Omega$，$U_{CC} = 15\text{V}$，各电容容量足够大。试求：① 静态工作点；② A_u、r_i 和 r_o。

解　①静态工作点的计算

$$U_{BQ} = \frac{R_{B2}}{R_{B1} + R_{B2}} U_{CC} = \frac{20}{62+20} \times 15 \approx 3.7\text{V}$$

$$I_{CQ} \approx I_{EQ} = \frac{U_{BQ} - U_{BEQ}}{R_E} = \frac{3.7 - 0.7}{1.5} = 2\text{mA}$$

$$I_{BQ} = \frac{I_{CQ}}{\beta} = \frac{2\text{mA}}{100} = 20\mu\text{A}$$

$$U_{CEQ} = U_{CC} - I_{CQ}(R_C + R_E) = 15 - 2(3 + 1.5) = 6\text{V}$$

② A_u、r_i 和 r_o 的计算

$$r_{be} = 300 + (1+\beta)\frac{26}{I_{EQ}} = 300 + 101 \times \frac{26}{2} \approx 1.6\text{k}\Omega$$

$$A_u = -\beta \frac{\dfrac{R_C R_L}{R_C + R_L}}{r_{be}} = -100 \times \frac{\dfrac{3 \times 5.6}{3 + 5.6}}{1.6} \approx -122$$

$$r_i = \frac{1}{\dfrac{1}{R_{B1}} + \dfrac{1}{R_{B2}} + \dfrac{1}{r_{be}}} = \frac{1}{\dfrac{1}{62} + \dfrac{1}{20} + \dfrac{1}{1.6}} \approx 1.45\text{k}\Omega$$

$$r_o = R_C = 3\text{k}\Omega$$

二、共集电极放大电路（射极输出器）

1. 电路的组成

共集电极放大电路如图 4-24（a）所示，R_B 为基极偏置电阻，集电极与电源相连，R_E 为发射极电阻，共集电极放大电路交流通路，如图 4-24（b）所示。因 U_{CC} 内阻很小，对交流信号相当短路。三极管 VT 集电极接地，集电极是输入、输出回路的公共端，故电路称为共集电极放大电路。因输出信号从发射极输出，又称为射极输出器。

从电路可知，放大电路的净输入电压 $u_{be} = u_i - u_o$，即电路将输出电压反送回输入电路，这种方法称为反馈。当反馈信号使放大器净输入信号减小，称为负反馈。电路引入负反馈

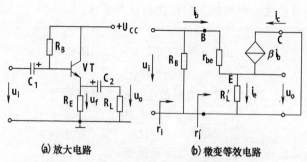

(a) 放大电路　　　(b) 微变等效电路

图 4-24　共集电极放大电路及微变等效电路

后，放大电路放大倍数将减小。但引入负反馈后，可使电路放大倍数稳定，减小非线性失真，改变输入、输出电阻，使放大电路性能改善。

2. 射极输出器的特点

(1) 电压放大倍数 $A_u \approx 1$　从图 4-24 (b) 所示电路可知

$$\Delta U_i = \Delta U_{be} + \Delta U_o = \Delta I_b r_{be} + \Delta I_e R_L'$$

式中，$R_L' = R_E /\!/ R_L$，通常 $\Delta I_e R_L' \gg \Delta I_b r_{be}$，所以放大倍数

$$A_u = \frac{\Delta U_o}{\Delta U_i} \approx 1 \tag{4-12}$$

式中，A_u 为正值，表明输入电压与输出电压相位相同；放大倍数近似等于 1，表明射极输出器没有电压放大作用，但其有电流和功率放大作用。

(2) 输入电阻高　射极输出器的输入电阻估算值为

$$r_i = R_B /\!/ [r_{be} + (1+\beta)R_L'] \tag{4-13}$$

与共射放大电路相比输入电阻提高。

(3) 输出电阻低　射极输出器采用电压负反馈电路，输出电压稳定，故输出电阻很小，输出电阻估算值为

$$r_o \approx \frac{r_{be}}{\beta} \tag{4-14}$$

一般射极输出电阻为几十欧姆。

3. 射极输出器的应用

由于射极输出器有输入电阻高，输出电阻低的特点，所以在电子电路中广泛地使用。

(1) 输入级　在测量仪中，射极输出器用于输入级，可以减小对被测电路的信号衰减，提高测量精度。

(2) 中间级　射极输出器应用在多级放大电路中间时，因输入电阻高，可提高前级的电压放大倍数；对后级因其输出电阻小，输出信号在内阻上产生的损失小。射极输出器作为阻抗变换器在电路中使用，可提高整个放大电路的放大能力。

(3) 输出级　因其输出电阻低，射极输出器带负载能力强。在电路中虽然其没有电压放大作用，但有电流、功率放大作用，所以常用于多级放大电路输出级。

第三节　整流及稳压电路

电子设备及仪器中所需用的直流电源一般都由交流电网供电，经"整流"、"滤波"、"稳压"后得到的。所谓"整流"就是利用二极管的单向导电性能，把交流电变成单向脉动的直

流电；所谓"滤波"，就是滤除脉动直流电中的交流成分，而得到比较平滑的直流电。为了把交流电源电压变换为符合整流电路所需要的交流电压值，往往在整流之前加一变压器。但是这种直流电源的性能还很差，其输出电压随交流电网电压的波动、负载电流的变化及温度的变化而变化，故还需要加入稳压电路，所以直流稳压电源一般由四部分组成，如图 4-25所示。本节重点介绍单相整流、滤波电路的工作原理以及稳压电路的应用。

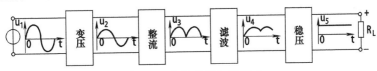

图 4-25 直流稳压电源组成

一、单相整流电路

（一）二极管单向桥式整流电路

单向桥式整流电路如图 4-26（a）所示，电路由变压器 T、四只整流二极管和负载 R_L 组成。

四只整流二极管接成电桥形式，故称为桥式整流。图 4-26（b）为单相桥式整流电路的简化画法。

设电源变压器的二次绕组电压 $u_2 = \sqrt{2}U_2\sin\omega t$，当电源电压 u_2 为正半周时，变压器二次绕组 a 端为正，b 端为负，二极管 VD_1、VD_3 承受正压导通，VD_2、VD_4 截止；电流由 a→VD_1→R_L→VD_3→b；当电源电压为负半周时，b 端为正，a 端为负，二极管 VD2、VD4 承受正压导通，VD_1、VD_3 截止，电流由 b→VD_2→R_L→VD_4→a。可见，在电源电压的一个周期内，在负载 R_L 上得到单向脉动电压，波形如图 4-27 所示。桥式整流电路的输出电压的平均值 U_o 和负载电流平均值 I_o 分别为

$$U_o = \frac{1}{\pi}\int_0^\pi \sqrt{2}U_2\sin\omega t\,\mathrm{d}(\omega t) = 0.9U_2 \tag{4-15}$$

$$I_o = \frac{U_o}{R_L} = 0.9\frac{U_2}{R_L} \tag{4-16}$$

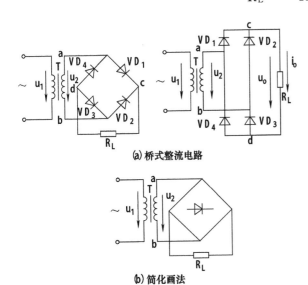

（a）桥式整流电路

（b）简化画法

图 4-26 单相桥式整流电路及简化画法

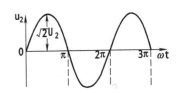

（a）变压器二次侧的电压波形

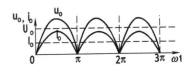

（b）负载上的电压、电流波形

图 4-27 单相桥式整流波形图

桥式整流电路，因为两组二极管轮流导通，所以每个二极管中流过的平均电流只有负载电流的一半，即 $I_F = I_o/2 = 0.45U_2/R_L$。

由单相桥式整流波形图可以看出，二极管截止时所受的最大反向电压为 u_2 的最大幅值，即 $U_{DRM} = \sqrt{2}U_2$。由于单相桥式整流电路结构简单，输出脉动小，所以被广泛应用在电路中。

例 4-2 已知负载电阻 $R_L = 7.2\Omega$，输出电压平均值 $U_o = 36V$，交流电源电压为 380V。如果采用单相桥式整流电路，试求变压器二次侧电压，并选择二极管。

解 ① 变压器二次侧电压 $U_2 = \dfrac{U_o}{0.9} = \dfrac{36}{0.9} = 40V$

② 负载电流 $I_o = \dfrac{U_o}{R_L} = \dfrac{36}{7.2} = 5A$

③ 二极管平均电流为 $\qquad I_F = \dfrac{1}{2}I_o = \dfrac{1}{2} \times 5 = 2.5A$

④ 二极管承受最大反压 $U_{DRM} = \sqrt{2}U_2 = \sqrt{2} \times 40 = 56.6V$

⑤ 应选择 $I_F > 2.5A$，$U_{DRM} > 56.6V$ 的二极管。

（二）晶闸管可控整流电路

焊接生产中大量需要电流可调的直流电源，用晶闸管组成的可控整流电路，可以将交流电变成大小可调的直流电，并具有体积小、重量轻、效率高以及控制灵敏等优点，应用日益广泛。这里重点介绍单相桥式可控整流电路。

在单相桥式二极管整流电路中，把其中两个二极管换成晶闸管就组成单相半控桥式整流电路，如图 4-28（a）所示。

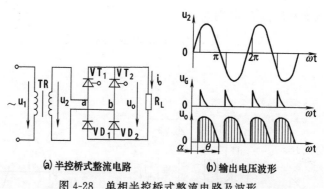

(a) 半控桥式整流电路　　(b) 输出电压波形

图 4-28　单相半控桥式整流电路及波形

1. 电阻性负载

当电源为正半周时，a 端为正，b 端为负，晶闸管 VT_1 与二极管 VD_2 承受正压，在某时刻 $\omega t = \alpha$ 时，给 VT_1 加触发电压，VT_1 导通，电流由 a→VT_1→R_L→VD_2→b。VT_2 和 VD_1 承受反压截止。当电源为负半周时，a 端为负，b 端为正，晶闸管 VT_2、二极管 VD_1 承受正压，$\omega t = \pi + \alpha$ 时，给 VT_2 加触发电压，VT_2 导通，电流由 b→VT_2→R_L→VD_1→a，VT_1、VD_2 承受反压截止，负载 R_L 两端电压、电流波形如图 4-28（b）所示。输出电压平均值 U_o 与控制角 α 的关系为

$$U_o = \frac{1}{\pi}\int_{\alpha}^{\pi} \sqrt{2}U_2 \sin\omega t \, d(\omega t) = 0.9U_2 \frac{1+\cos\alpha}{2} \tag{4-17}$$

电流平均值 I_o 为

$$I_o = \frac{U_o}{R_L} = 0.9\frac{U_2(1+\cos\alpha)}{2R_L} \tag{4-18}$$

2. 大电感负载

在负载电路中串入电抗器构成大电感负载，如图 4-29（a）所示。u_2 正半波 a 端为正，b 端为负，$\omega t = \alpha$ 触发 VT_1，则 VT_1 导通，电流由 a→VT_1→L_d→R_L→VD_2→b。在 u_2 过零点时，VD_2 载止，由于电感性负载电流落后两端电压变化，VT_1 中流过电流大于维持电流而继续导通。在感性负载自感电势作用下，VD_1 导通，使负载中电流继续流通。在 u_2 负半周 $\omega t = \pi + \alpha$ 触发 VT_2，则 VT_2、VD_1 导通，电流由 b→VT_2→L_d→R_L→VD_1→a。u_2 过零点时，VD_1 截止，VD_2 导通，使负载中电流继续流通，电路输出波形如图 4-29（b）所示。电路工作的特点是：晶闸管在触发时刻换流，二极管则在电源过零时刻换流。所以，单相半控桥式整流电路输出电压平均值 U_o 与电阻负载计算公式相同。

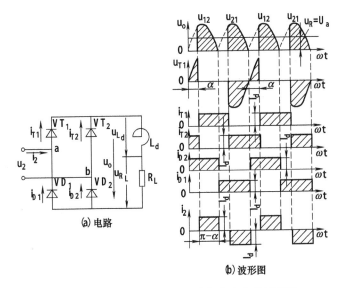

图 4-29　单相半控桥式大电感负载电路及波形图

二、滤波电路

整流电路将交流电变为脉动直流电，其中含有大量的交流成分（称为纹波电压）。为了获得平滑的直流电压，应在整流电路的后面加接滤波电路，以滤去交流成分。滤波电路一般由电感、电容以及电阻等元件组成。

1. 电容滤波

图 4-30 是在桥式整流电路输出端与负载电阻 R_L 并联一个较大电容 C，构成电容滤波电路。

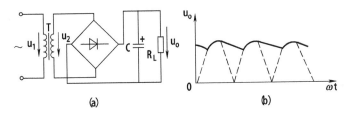

图 4-30　电容滤波电路及波形

设电容两端电压 u_C 的初始值为零，并假定在 $t=0$ 时接通电路，当 u_2 为正半周时，$u_2 > u_C$，整流二极管导通，C 被充电。由于充电回路电阻很小，所以充电很快，当 $\omega t = \pi/2$ 时，u_2 达到峰值，C 的两端电压也充至 $\sqrt{2}u_2$ 值。u_2 过峰值开始下降，由于放电回路电阻较大，C 上的存储电荷尚未放完，这样就出现 $u_C > u_2$，二极管因反向偏置而截止。电容 C 向 R_L 放电，放电速度很慢，$u_o = u_C$ 逐渐下降。

当 u_2 为负半波时，C 仍然在放电，直到 $u_2 > u_C$ 时，二极管因受正向电压而导通，电容器 C 又再次被充电。这样不断重复，负载上的电压如图 4-30（b）所示。与无滤波电容的桥式整流电路相比较，不仅输出电压变得平滑、纹波显著减小，同时输出电压的平均值也增大了。显然，电路的放电时间常数 $\tau = R_L C$ 越大，放电过程就越慢，负载上得到的电压 u_o 就越平滑，当 R_L 开路时，$U_o \approx \sqrt{2}U_2$。为了获得良好的滤波效果，一般取

$$R_L C \geqslant (3 \sim 5)\frac{T}{2} \tag{4-19}$$

式中，T 为输入交流电压的周期。此时，输出电压的平均值为

$$U_o \approx 1.2 U_2 \tag{4-20}$$

在整流电路采用电容滤波后，只有当 $u_2 > u_C$ 时，二极管才导通，故二极管导通时间较短，电容充电较快，产生冲击电流较大，容易损坏二极管。所以，使用电容滤波时，必须选择有足够电流裕量的二极管，或者在二极管前面串一个限流电阻（几欧姆到几十欧姆）。

电容器的耐压应大于 $\sqrt{2}U_2$，通常取 $(1.5 \sim 2)U_2$。

2. 电感滤波

图 4-31 所示电路是一个单相桥式整流电感滤波电路。滤波电感 L 与负载 R_L 相串联，是一种串联滤波器。

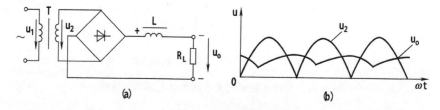

图 4-31　电感滤波电路

可以把整流输出电压 u_o 看成是由直流分量与交流分量的叠加。由于电感器的直流电阻很小，交流感抗很大，所以直流分量在电感上的电压降很小，负载 R_L 上的直流分量就很大，几乎全部加到 R_L 两端，即 $U_o = 0.9U_2$；交流分量几乎全部降落在电感器上，负载 R_L 上的交流分量就很小。由此可见，经过 L 的串联滤波后，负载两端的输出电压脉动程度便大大减小了。

三、稳压电路

根据稳压器件与负载的连接方式，基本的稳压电路有两种：一种是稳压元件和负载电阻并联，称为并联稳压电路；另一种是用晶体管或集成电路组成的与负载电阻串联，称为串联稳压电路。

1. 并联稳压电路

图 4-32 所示电路为最简单的稳压电路，是用稳压管组成的，U_i 为整流和滤波后的电压，

U_o为输出电压。限流电阻 R 和稳压管 VS 是电路中起到稳压作用的关键元件。

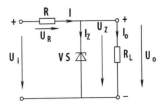

图 4-32　并联稳压电路

稳压工作原理如下。

① 当交流电源电压增加而使整流滤波后的输出电压 U_i 增加时，输出电压 U_o（即为稳压管两端的反向电压）也要增加，稳压管电流 I_Z 亦显著增加（由稳压管的特性曲线决定），使电阻 R 上的电流和压降增加，以抵消 U_i 的增加，从而使输出电压 U_o 保持近似不变。相反，如电源电压下降而引起输出电压 U_o 降低，通过电阻 R 和稳压管 VS 的调整，仍可保持输出电压 U_o 近似不变。

② 电源电压保持不变而负载电流增大时（负载 R_L 减小），引起输出电压的降低，则引起稳压管电流 I_Z 的显著减小，使电阻 R 上的压降减小，而保持输出电压 U_o 近似不变；反之，若负载电流减小，也使 U_o 近似不变。

此电路简单且调试方便，但输出电压是由稳压管的稳压值决定的，无法随意调节；输出电流受稳压管的稳压电流限制，因而其变化范围较小，只适用于电压固定的小功率负载且负载电流变化较小的场合。

2. 串联稳压电路

串联稳压电路结构如图 4-33 所示。图中，VT 是调整管，R、VS 构成稳压环节，同时 R 为调整管提供的偏压，使其工作在放大区，R_L 是负载电阻。

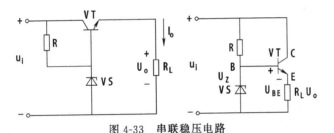

图 4-33　串联稳压电路

串联型稳压电路是靠调整管作为调压元件，利用改变调整管 C、E 两极的电压来实现输出电压的稳定。这种电路中调整管与负载电阻是串联的。图 4-33 中稳压管 VS 两端的电压 U_Z 是一个基准电压，调整管 VT 的基、射极间电压 U_{BE} 决定于负载电压 U_o 与基准电压 U_Z 的大小，即 $U_{BE} = U_Z - U_o$。假如由于某种原因而使电压 U_o 降低时，因为基准电压 U_Z 不变，于是 U_{BE} 随 U_o 的降低而增加，晶体管基极电流 I_B 和集电极电流 I_C 也增加，集、射极间电压 U_{CE} 因而减小。因此，负载电压 U_o 回升，使它维持近似不变，这个自动调整过程可表示如下：

$$U_o \downarrow \rightarrow U_{BE} \uparrow \rightarrow I_B \uparrow$$
$$U_o \uparrow \leftarrow U_{CE} \downarrow \leftarrow I_C \uparrow$$

如果输出电压升高，则自动调整过程相反。

由此可见，无论是电网波动，还是负载变化，输出电压通过调整管的调压后，可维持负载两端的电压不变，使输出电压自动稳定。

习　　题

一、填空

1. 半导体是指＿＿＿＿＿＿＿＿＿＿＿＿＿＿＿物质。

2. 半导体具有_____、_____、_____的特性，最重要的是_____特性。

3. 半导体导电的一个基本特性是指，在外电场的作用下，自由电子和空穴均可定向移动形成_____。

4. 在单晶硅（或者锗）中掺入微量的五价元素，如磷，形成掺杂半导体，大大提高了导电能力，这种半导体中_____数远大于_____数，所以靠_____导电。将这种半导体称为_____或_____半导体。

5. 在单晶硅（或者锗）中掺入微量的三价元素，如硼，形成掺杂半导体，这种半导体中_____数远大于_____数，所以靠_____导电。将这种半导体称为_____或_____半导体。

6. PN 结具有_____导电性，即加_____电压时 PN 结导通，加_____电压时 PN 结截止。

7. PN 结加正向电压是指在 P 区接电源_____极，N 区接电源_____极，此时电流能通过 PN 结，称 PN 结处于_____状态。相反，PN 结加反向电压是指在 P 区接电源_____极，N 区接电源_____极，此时电流不能通过 PN 结，称 PN 结处于_____状态。

8. 按照芯片材料不同，二极管可分为_____和_____两种。

9. 按照用途不同，二极管可分为_____、_____、_____、_____、_____。

10. 二极管的伏安特性曲线是指二极管的_____关系曲线。该曲线由_____和_____两部分组成。

11. 二极管的正向压降是指_____，也称为_____。

12. 从二极管的伏安特性曲线分析，二极管加_____电压时二极管导通，导通时，硅管的正向压降约为_____伏，锗管的正向压降约为_____伏。

13. 二极管两端加反向电压时，管子处于_____状态。当反向电压增加到一定数值时，反向电流突然增大，二极管失去_____特性，这种现象称为_____。

14. 硅稳压二极管简称为_____，符号是_____，它与普通二极管不同的地方在于_____，以实现_____目的，所以电路中稳压管的两端应加_____电压。

15. 晶体三极管简称_____，是由两个_____构成的半导体器件。三极管有_____和_____两种类型，其符号为_____和_____，符号中的箭头方向表示_____。

16. 半导体三级管的三个电极为_____、_____和_____，两个 PN 结是指_____和_____。

17. 三极管具有_____作用和_____作用。三极管最基本和最重要的特性是_____作用，扩音器就是利用这个特性实现对声音的放大，所以三极管电流放大的实质是以微小的电流_____较大的电流。

18. 在三极管的输出特性曲线上可以划分出_____、_____和_____三个工作区域。三极管处于放大状态的工作条件是_____。

19. 整流是将交流电压转换为 _____ 电压，大多数整流电路由 _____、_____ 和 _____ 等组成。但这种电压的 _____ 程度比较大。为了获得平滑的输出电压，可在整流电路后面再加上 _____ 电路，其常用电路有 _____、_____ 和 _____ 三种。

20. 滤波电路的作用是 _____，最简单的滤波电路是电容器，电容滤波是将电容器与负载 _____ 联，而电感滤波是将电感线圈与负载 _____ 联。

21. 常用的直流稳压电源一般由 _____、_____、_____、_____ 四部分组成。变压器把市电交流电压变为所需要的低压交流电。整流器把交流电变为 _____。经滤波后，稳压器再把 _____ 电压变为 _____ 电压输出。

二、选择

1. 二极管两端加上正向电压时（　　　）

A. 一定导通　　　　　　　　B. 超过死区电压才导通

C. 超过 0.3V 才导通　　　　 D. 超过 0.7V 才导通

2. 对三极管放大作用的实质，下面说法正确的是（　　　）

A. 三极管可以把小能量放大成大能量

B. 三极管可以把小电流放大成大电流

C. 三极管可以把小电压放大成大电压

D. 三极管可用较小的电流控制较大的电流

3. 在硅稳压管稳压电路中，稳压管必须工作在（　　　）

A. 死区　　　 B. 导通区　　　 C. 截止区　　　 D. 击穿区

三、问答与计算

1. 三极管的正常工作区域有哪几个？当三极管作放大使用时应工作在什么区域？作开关使用时应工作在什么区域？

2. 在图示的几个电路中 $U_i = 10V$，二极管正向压降为 0.7V，试求输出电压 U_o 的值。

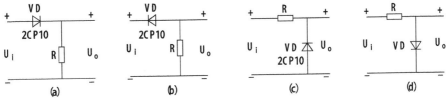

3. 当三极管 $U_{CE} = 15V$ 不变时，基极电流 $I_B = 20\mu A$，集电极电流 $I_C = 2mA$，这时三极管的 β 是多少？如果 $I_B = 25\mu A$，$I_C = 2.6mA$，β 又是多少？

4. 有一个晶体管接在电路中，测出它的三个管脚的电位分别是 $-9V$，$-6V$ 和 $-6.2V$，试判别它的三个电极和管子的类型。

第五章　常用低压电器与电路

现代生产机械大多由电力拖动，焊接设备也不例外。电力拖动的自动控制，又离不开低压电器。低压电器对焊接过程的自动化起着重要的作用，如自动焊机的送丝、小车拖动控制以及引弧和熄弧控制环节都是由低压电器参与完成的。

本章重点介绍在焊接设备中常用低压电器的结构、原理、符号、选用和安装常识以及相关典型控制电路。

第一节　常用开关及按钮

在焊接设备中，开关和按钮属于非自动（手动）切换的控制电器，常用作发布命令、改变设备状态（启动、停止等）。

一、刀开关

刀开关是一种手动控制电器，用手动接通和分断低压配电电源和用电设备，通常只作隔离开关，也可用来直接启动小容量的异步电动机。

刀开关的种类很多，按刀的极数可分为单极、双极和三极。常用的刀开关有开启式负荷开关和封闭式负荷开关。

1. 开启式负荷开关

开启式负荷开关俗称胶盖瓷底闸刀开关，其外形、结构及符号见图 5-1。开启式负荷开关 因无灭弧装置，所以在分合闸时，动作要迅速准确到位，否则会烧损刀片与触点。因此，这种开关不宜带负载接通或切断电路。

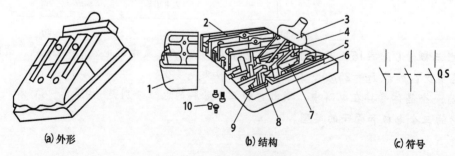

(a) 外形　　　(b) 结构　　　(c) 符号

图 5-1　开启式负荷开关

1—上胶盖；2—下胶盖；3—瓷质手柄；4—刀片式动触点；5—出线座；
6—底板；7—熔丝；8—静触点；9—进线座；10—胶盖紧固螺钉

闸刀开关应垂直安装，静插座应安装在上方，即合闸的手柄应向上，分闸时手柄向下，以防止闸刀因自重或受振动而误合闸。

2. 封闭式负荷开关

封闭式负荷开关俗称铁壳开关，其外形结构及符号见图 5-2。这种开关的特点是三相刀片式动触点（闸刀）固定在一根绝缘的方轴上，由手柄操纵。操作机构装有机械联锁装置，在手柄置于合闸位置接通电源后，铁壳不能开启；而铁壳打开时手柄不能合闸。需要开启铁壳时，必须使手柄置于切断电源状态，以确保安全操作。操作机构中还装有速动弹簧，使开关能迅速接通或切断电路，而与手柄操作速度无关，故灭弧迅速，减少了电弧对触点的烧损，使开关寿命延长。

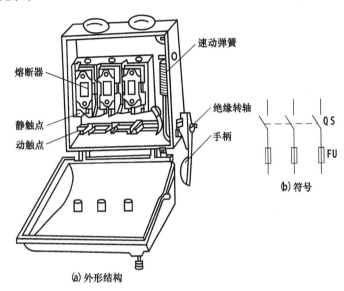

图 5-2　封闭式负荷开关

封闭式负荷开关也是靠静、动触点的接触或分离而接通或切断电路，靠熔断器起短路保护作用。熔断器 FU 内的熔丝一般由低熔点的铅锡合金组成，当电路中流过额定电流时，它不会熔断，相当于导线一样。而电路一旦出现短路时，由于电流的热效应导致熔丝瞬间熔断，从而将电路电源断开，达到短路保护的目的。

封闭式负荷开关有灭弧装置，因而使其分断电流能力加强，可控制异步电动机不频繁直接启动。铁壳开关在安装时外壳应可靠接地，防止意外漏电，造成触电事故。

常用的开启式负荷开关和封闭式负荷开关有 HK 系列和 HH 系列。

二、转换开关

转换开关主要用于交流 50Hz、电压 380V，直流电压 220V 以下的电气设备中接通或切断电路、电源或负载的转换，也用于控制小型异步电动机不频繁启动。

转换开关也是一种刀开关，只是它的刀片（动触片）是转动式的。转换开关由多对触点组合而成，比刀开关结构紧凑，组合性强，能组成各种不同电路，故又称为组合开关。转换开关的种类很多，按极数可分为单极、双极和多极转换开关。图 5-3 所示三极转换开关，具有三副静触片，每一静触片的一端固定在绝缘垫板上，另一端伸出盒外并连在接线柱上，以便和电源线及用电设备导线相连。三个动触片分别装在数层绝缘壳内并套在转动轴上。三对触片彼此相隔一定角度，当转动手柄时，每层的动触片随轴一起转动，三对触片便同时接通或分断，从而使电路接通或切断。在开关转轴上装有弹簧储能机构，使开关能快速闭合或分断，其分合速度与手柄旋转速度无关，有利于熄弧。

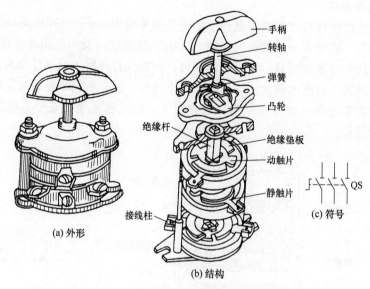

图 5-3 三极转换开关

转换开关应根据控制电源种类、电压等级、电路的工作电压和工作电流、所需触点数及负载电流等方面来选择。一般情况下，转换开关的额定电流应等于或大于被控制电路中各负载电流的总和；若用于控制电动机时，其额定电流一般选择为电动机额定电流的 1.5～2.5 倍。常用的转换开关为 HZ15 系列。

三、按钮

按钮是指在工作电压为 500V 以下，电流为 5A 的低压控制电路中，用来接通或切断控制电路的一种手动电器。一般情况下，它不直接控制主电路的通断，而是在控制电路中发出启动或停止等命令，控制接触器、继电器等自动切换电器，再由它们去控制主电路及其他电气线路，这种发布命令的电器，称为主令电器。埋弧焊机的启动与停止、焊丝的空载调整等均是利用按钮操作完成。

按钮根据结构的不同，分为常开按钮（常用作启动）、常闭按钮（常用作停止）和复合按钮（常开和常闭组合的按钮）。通常用的复合按钮，其外形及结构原理见图 5-4。

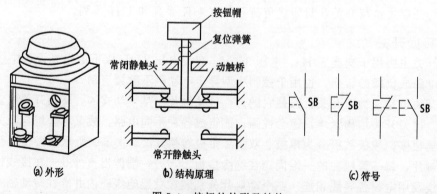

图 5-4 按钮的外形及结构

当不按动按钮时，触点处于常态。动触点在复位弹簧的作用下与上面的一对静触点相接触，而与下面的一对静触点处于断开状态。当需要发出控制信号时，用手按下按钮，动触点随着推杆一起往下移动，使它与上面静触点脱离，此时两对触点均处于断开状态；继续往下按时，动触点与下面的一对静触点接触，于是常闭触点先断开，常开触点后闭合，实现它所在电路的切断和接通控制。松开按钮时，在复位弹簧作用下，按钮自动复位，触点恢复常态，常开触点先断开，常闭触点后闭合。

按钮主要根据工作环境、触点数目、按钮的结构形式及所需颜色等进行选择。例如工作环境较差时，应选用保护式或防水式；启动按钮选用绿色，停止按钮选用红色，急停按钮选用红色蘑菇式；要求触点数目较多时，选用 LA18 系列积木式按钮。

第二节　交流接触器

接触器是一种用来远距离频繁地接通和分断交直流主电路和大容量控制电路的自动切换电器。按接触器所控制的电流种类可分为交流接触器和直流接触器两种。本节主要介绍焊接设备中用于控制电动机正反转及主回路通断的交流接触器。

交流接触器的种类很多，按工作原理可分为电磁式、气动式和液压式；按冷却方式分为空冷、油冷和水冷；按主触点的极数分为单极、双极和多极等。本节主要介绍应用最广泛的电磁式自然空气冷却的交流接触器。

一、交流接触器的结构及工作原理

CJ10 交流接触器结构图如图 5-5（a）所示，它主要由电磁机构、触点系统、灭弧装置、支架、外壳等组成。

（1）电磁机构　电磁机构的作用是将电磁能转换成机械能并带动触点动作。交流接触器的电磁机构由铁芯、吸引线圈、衔铁、反作用弹簧和缓冲弹簧等组成。铁芯一般用硅钢片叠成，并在两侧柱端部嵌有短路环，其作用是消除交流电磁机构在吸合时由于吸力变化引起的振动和噪声。电磁吸引线圈为电压线圈，由绝缘铜导线绕制而成，一般制成短粗的圆筒形，工作时电磁线圈应并联接入控制电路。

（2）触点系统　交流接触器触点按功能分为主触点和辅助触点，主触点是由接触面较大的常开触点组成，串联接入电流较大的主电路中；辅助触点是由常开和常闭触点成对组成，一般接在电流较小的控制电路中。

（3）灭弧装置　交流接触器在主触点接通和分断电路过程中，尤其是在切断大电流主电路时，在拉开的两个动、静触点之间将产生强烈的电弧，从而阻碍电路的切断过程，同时也使触点烧蚀，影响其正常工作，因此在交流接触器中设有灭弧装置。一般小容量的交流接触器，电弧比较弱，易于自然熄灭，常采用纵缝陶土灭弧罩；对于中、大容量的交流接触器，常采用灭弧栅灭弧。

交流接触器的工作原理为：当吸引线圈通电后，所产生的电磁吸力克服弹簧的反作用力将衔铁吸合，衔铁带动触点系统动作，首先使常闭辅助触点断开，常开辅助触点闭合，然后是常开主触点闭合，接通主电路，见图 5-5（b）。当吸引线圈断电或外加电压显著下降时，电磁吸力消失或过小，衔铁在反作用力弹簧的作用下复位，触点恢复常态。即常开主触点断开，切断主电路；常开辅助触点先恢复断开，常闭辅助触点后恢复闭合。由上述可知，只要控制交流接触器的吸引线圈的通电和断电，就可以控制主电路及其他控制电路的接通和分断。交流接触器的图形及文字符号如图 5-5（c）所示。

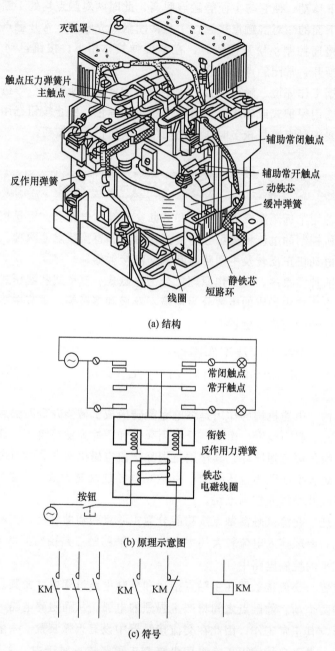

(a) 结构

(b) 原理示意图

(c) 符号

图 5-5 交流接触器的结构及工作原理示意图

二、交流接触器的选用

① 接触器的型号根据被控制对象和使用类别选用。

② 交流接触器吸引线圈的额定电压应与控制电路的电压等级一致。

③ 接触器的额定电流应大于或等于被控电路中长时间运行时的最大负荷电流值。当用于控制频繁启动的电动机时，接触器的额定电流可按约为电动机额定电流的 1.3～2.0 倍进行选择。

④ 交流接触器主辅触点数量、种类应满足主电路和控制电路的要求。

使用接触器时应避免异物（如螺钉等）落入接触器内，使动铁芯卡住而引起线圈因电流过大烧毁。在接触器带负载情况下，不允许把灭弧罩取下，避免因触点分断时电弧相互连接而造成相间短路。

常用的交流接触器有 CJ10、CJ20 系列。

第三节 继 电 器

继电器是一种根据外界输入的一定信号（电的或非电的）来控制电路通断的自动切换电器。虽然它和交流接触器同属于自动切换电器，但它主要用来反映各种控制信号，并对其进行转换和传递。它的触点通常接在控制电路中（触点各处电流不大于 5A），因此不需要灭弧装置。

继电器的种类很多，按用途可分为控制继电器和保护继电器；按反映的信号可分为电压继电器、电流继电器、时间继电器、热与温度继电器、速度继电器和压力继电器等；按动作原理可分为电磁式、感应式、电动式、电子式和热继电器等。

本节主要介绍焊接设备及生产机械自动控制系统中常用的电磁式继电器、时间继电器及热继电器。

一、电磁式（电流、电压和中间）继电器

电磁式继电器的结构和动作原理，与交流接触器大致相同，因为不需要灭弧装置，所以它的体积较小，动作灵敏。

1. 电流继电器

电流继电器是一种反映电流变化或者传递电流变化信号的控制电器，根据线圈通过电流的大小来接通或切断控制电路。

电流继电器的线圈是串接在主电路中的，线圈匝数少而线径粗，通常用扁铜条或粗铜线绕制。这样通过电流时的压降很小，不会影响主电路的电流。电流继电器可分为过电流继电器和欠电流继电器。当通过线圈的电流大于整定值时动作的继电器，称为过电流继电器；当通过线圈的电流小于整定值时动作的继电器，称为欠电流继电器。过电流继电器主要用于电动机、变压器和输出电路的过载及短路保护，欠电流继电器主要用于自动控制系统中。在自动焊接设备中，常用电流继电器传递焊接电流信号，用以控制引弧和熄弧环节的自动转换。

交流过电流继电器如图 5-6 所示。

在选用电流继电器时，主要是依据以下几方面：

① 依据被控制电流种类来确定电流继电器类型；

② 依据被控制负载性质及要求来选择过电流或欠电流继电器；

③ 依据被控制电路的电流大小来确定电流继电器线圈的额定电流。

如控制启动频繁的电动机，需选用过电流继电器，且线圈的额定电流应选大一些；此外，还要根据控制线路数量来确定电流继电器触点数量。

2. 电压继电器

电压继电器是一种反映电压变化或者传递电压变化信号的控制电器。它在控制电路中根据线圈两端电压的大小来接通或切断控制电路。电压继电器对电路可起到过压和欠压等保护作用或用于自动控制系统中，如在自动电弧焊接引弧过程中，常用电压继电器传递空载电压或电弧电压信号，以满足引弧环节的控制要求并实现程序自动转换。

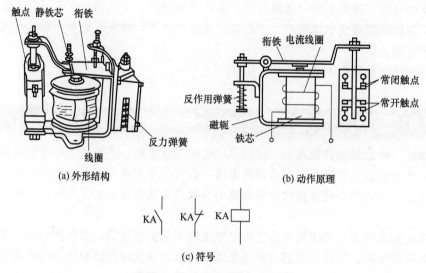

(a) 外形结构

(b) 动作原理

(c) 符号

图 5-6 JT4 过电流继电器

电压继电器的基本结构及工作原理与电流继电器相似，只是电压继电器的线圈并联接在电路中，且线圈的匝数多而直径细。电压继电器也分为过电压继电器和欠电压继电器。

选择电压继电器时，应根据控制电路的控制要求、触点数目、工作电压等选择电压继电器的类型及有关参数。

常用的通用继电器为 JT4 系列，它不仅作为过电流继电器，还可作为中间继电器、电压继电器。

3. 中间继电器

中间继电器是将信号放大或将信号同时传递给数个有关的控制元件，从而增加控制电路数目的一种控制电器；中间继电器也可以直接控制小容量电动机。

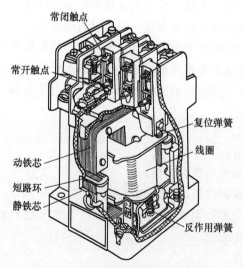

图 5-7 中间继电器的外形与结构

中间继电器的外形与结构见图 5-7，它的触点容量小、数量多，并且无主辅触点之分。由于中间继电器的触点数量较多，同时控制多组回路，故它可起中间放大作用。中间继电器在控制系统中的功能是多方面的，故对其要求也各不相同。一般情况下，选择中间继电器是根据控制电路的要求和电压大小来选择线圈的额定电压等级和触点的数量、种类和容量（即额定电流和额定电压）。

中间继电器的符号与电流继电器符号相同，常用的中间继电器是 JZ7 系列。

二、时间继电器

感受部分在感受到外界信号后，使执行部分经过一段时间才动作的继电器，称为时间继电器。时间继电器用在气体保护焊过程中，保护气的提前送给和滞后停止的延时环节，即气路的通断与焊接回路通断的两个控制环节需要经过一定的时间间隔后，进行自动转换。因此，时间继电器在程序自动控制系统中起时间控制作用。

时间继电器有机械式、电磁式、阻尼式、晶体管式等几大类，延时方式有通电延时型和断电延时型。下面介绍两种常用的时间继电器。

1. 空气阻尼式时间继电器

空气阻尼式时间继电器是应用最广泛的一种时间继电器，具有结构简单、价格便宜、工作可靠、且不受电源电压影响等优点，但延时精度较低，一般用于延时精度要求不高的场合。它是以具有瞬时触点的中间继电器为主体，再加上延时组件构成。空气阻尼时间继电器有通电延时型和断电延时型，二者的组成元件相同，只是电磁铁的安装位置不同（倒置180°），这里以 JS23 系列通电延时型为例说明其工作原理。

如图 5-8 所示，其延时组件包括波纹状气囊及排气阀门，刻有细长环形槽的延时片，调时旋钮及动作弹簧等。图5-8（a）所示处于排气阶段时间继电器的线圈断电状态，衔铁在反力弹簧支撑下处于释放状态，顶动阀杆并压缩波纹状气囊，压缩阀门弹簧并打开阀门，排出气囊内的空气。进气阶段是在线圈通电后衔铁吸合，向下运动而松开阀杆，瞬动触点动作，阀门弹簧复原，阀门被关闭，气囊则在动作弹簧作用下有伸长的趋势，但由于气囊内外压力差的作用，外界空气要经过滤气片，通过延时片的延时环形槽缓缓进入气囊中，当气囊延伸到触及脱钩件时，延时触点动作。

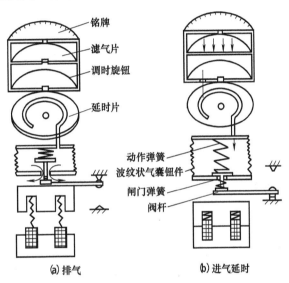

图 5-8 空气阻尼时间继电器延时原理

(a) 通电延时型　　(b) 断电延时型　　(c) 瞬动触点

图 5-9 时间继电器的符号

从线圈通电到延时触点完成切换动作的时间即为延时时间。转动调时旋钮可改变空气经过环形槽的长度，从而改变延时时间。断电延时过程与上述相反，故不再赘述。时间继电器的符号如图 5-9 所示。

2. 晶体管式时间继电器

晶体管式时间继电器是一种有触点与无触点相结合的新型继电器，它是利用晶体管开关电路与 RC 充放电电路结合，由于电容电压的缓慢上升或缓慢下降，从而驱动开关电路的通断，实现延时控制功能。晶体管式时间继电器与空气阻尼式时间继电器相比，具有延时范围大、精确度高、调节方便、返回时间短、消耗功率小、体积小、重量轻、寿命长等优点。

3. 时间继电器的选择

选择时间继电器时，应根据控制电路的延时要求（通电延时或断电延时）、延时等级、延时精度等来选择时间继电器的类型及规格；再根据控制电路电压选择线圈的电压。另外，还应考虑使用场合和要求来选择，如要求不高的场合，宜选用 JS23 系列空气阻尼式；要求较高的场合可选用 JS20 系列晶体管式。

三、热继电器

对于电动机、电弧焊设备，若长时间过载运行，将导致温升过高，造成电动机绕组、设备或元件过热损坏，必须对其进行过载保护。热继电器是应用最广泛的一种过载保护电器，它是利用电流的热效应原理在电气设备过载时自动切断电源来保护用电设备。

热继电器按动作方式分为双金属片式、易熔金属式和利用材料磁导率或电阻值随温度变化而变化的特性原理制成的热继电器。下面介绍应用较广的双金属片式热继电器。

双金属片式热继电器具有结构简单，体积小，成本低，反时限特性好（即热继电器是依靠热元件通过电流后使双金属片变形而动作，但出现这个动作需要有一个热量积累的过程，即过载电流与额定电流的比值越大，热继电器的动作时间越短）等优点。

普通三相双金属片式热继电器结构及符号，如图 5-10 所示。

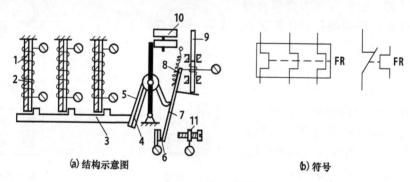

(a) 结构示意图   (b) 符号

图 5-10 热继电器

工作原理如下：电动机正常运行时，加热元件 2 所产生的热量虽然使双金属片 1 弯曲，但不足以使触点动作；当电动机过载运行、电流大于额定值时，加热元件产生的热量大为增加，使双金属片因温度升高而向右弯曲，推动推杆 3 向右移动，拨杆 4 转动，最后使常闭触点 6 断开，切断交流接触器的控制电路电源，使其线圈断电，将主触点释放而切断电动机电源，起到保护作用。

补偿双金属片 5 的作用，是当环境温度变化时，也产生附加弯曲，以补偿环境温度对热继电器动作精确度的影响。

热继电器动作后，经过一段时间的自然冷却，双金属片温度降低而恢复原状，但动触点连杆 7 已超过动作线，在弹簧 8 的拉力作用下，使常闭触点不能闭合复位。因此，必须按下复位按钮 9，使连杆在外力作用下向左转过动作线，此时在弹簧的作用下常闭触点又闭合，这种方式为手动复位。若要实现自动复位，需将调节螺钉 11 按顺时针方向旋转，使它超过动作线，当主电路断开后，待双金属片恢复原状，连杆在复位弹簧 8 的作用下，使常闭触点在无外力作用下自动闭合复位。如果需要调回手动复位方式，逆时针旋转调节螺钉即可。

热继电器的主要动作参数是整定电流（热继电器调整后双金属片长期不动作的最大电流），在热继电器中设有整定电流调节装置（图 5-10 中整定电流值调节旋钮 10），以适应各种电动机的需要。

在选用热继电器时，应依据下列原则。

① 加热元件的额定电流应大于电动机的额定电流，加热元件选定后再根据电动机的额定电流调整热继电器的整定电流，使整定电流稍大于电动机额定电流。

② 双金属片式热继电器一般用于轻载、不频繁启动电动机的过载保护。

③ 一般情况下选用两相结构的热继电器；对于三相电网电压均衡性较差或△接法的电动机，宜选用三相结构的热继电器，进行过载保护。

第四节 行 程 开 关

在电力拖动系统中，有时需要按生产机械运动部件行程（位置）的变化来改变其工作状态。例如，在全自动管对接焊接过程中，要求焊机机头在行走到某一位置时能自动停止或转换方向。因此，在控制系统中常用行程开关来实现上述控制功能。

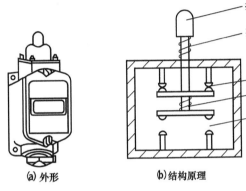

(a) 外形　　(b)结构原理

图 5-11　直动式行程开关

一、行程开关的分类及特点

行程开关又称限位开关，能将运动部件的机械位移转换成电信号，以控制机械运动。它的种类很多，按结构可分为直动式、滚轮式和微动式三种。

行程开关的特点是使触点瞬时动作，这样既可保证动作的可靠性与行程控制的精确性，又可在触点断开时减少电弧对触点的烧灼。

（1）直动式行程开关　直动式行程开关外形及结构原理如图 5-11 所示。其触点动作原理与按钮相同，只是采用机械运动部件上的撞块来碰撞行程开关的推杆而使触点动作。其优点是结构简单、成本较低。缺点是触点的分合速度取决于撞块移动的速度。撞块移动速度若太慢，则易于烧蚀触点。因此，这种开关不宜使用在撞块移动速度低于 0.4m/min 的场合。

（2）滚轮式行程开关　单滚轮式开关的外形及结构原理如图 5-12 所示。当运动部件的撞块压到滚轮上时，连杆通过弹簧推动推杆，使小滑轮沿触点连杆向右滑动并压紧弹簧。当压板解脱时，触点连杆转动，使触点快速切换，即常闭触点断开，常开触点闭合。当撞块移开后，在弹簧作用下开关各部分自动复位。

这种行程开关克服了直动式行程开关的缺点，保证了动作可靠性，适用于低速运动

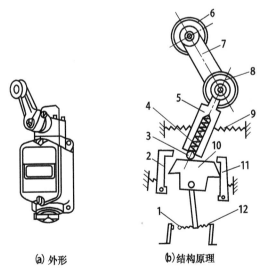

(a) 外形　　(b)结构原理

图 5-12　滚轮式行程开关

1—常开触点；2,11—压板；3—小滑轮；
4,9—弹簧；5—推杆；6—滚轮；7—连杆；
8—开口弹簧；10—触点连杆；12—常闭触点

的机械。

（3）微动式行程开关 该开关的结构原理如图 5-13 所示。它的关键部件是两个弯形片状弹簧，它们把外界作用力传递给触桥，使触点动作更为快速灵敏。微动开关体积小、动作准确，适合在小型机构中使用，但由于推杆极限行程小，开关结构强度不高，使用时需对其行程进行限制，以免压坏开关。行程开关的符号如图 5-14 所示。

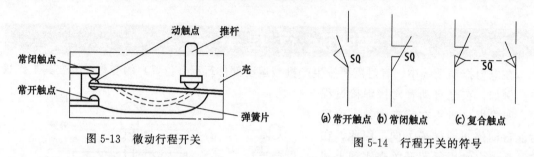

图 5-13　微动行程开关　　　　　　　　图 5-14　行程开关的符号

二、行程开关的选择

选择行程开关时，主要根据行程开关的结构形式、触点形式以及能否自动复位等方面来考虑。例如，根据行程开关的安装位置和压合状态的不同，可选用直动式（撞块与顶杆运动方向成平行状态）或滚轮式（横向碰撞）；若对开关灵敏度要求较高时，则应考虑微动式开关；用于限位作用时可选用自动复位式。

微动式行程开关为 JLXW1 系列。

第五节　电磁气阀及压力开关

在各种气体保护电弧焊过程中，均设有供气系统来为焊接区提供所需保护，其中控制气路的接通或切断，则是由特殊的控制元件——电磁气阀来实现。

此外，在自动焊接设备中，还常设置保护装置——压力开关。例如，在大电流焊接过程中，一般都通有冷却水对焊枪进行冷却，当遇到停水或水压不足时，设置在控制电路中的水压开关能立即动作，切断焊接主回路，从而保护焊接设备。

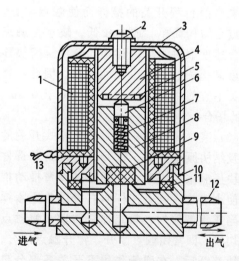

图 5-15　电磁气阀结构原理图
1—线圈；2—螺钉；3—罩；4,8—铁芯；
5—铜环；6—导杆；7—弹簧；9,11—密封塞；
10—阀座；12—气管；13—导线

一、电磁气阀

电磁气阀是一种利用电磁铁的吸力使主阀直接进行切换动作来接通或切断气路的自动控制阀。因其动作是随输入电信号的激励而响应，故控制精度较高。电磁气阀的结构原理如图 5-15 所示。

当线圈通电时，铁芯被吸引，与密封塞一起上升，阀座打开气路接通。气体从进气口输入，从出气口输出，从而自动控制气体的送出。当不需要气体时，通过控制电路使线圈断电，铁芯在弹簧的作用下复位，重新使阀座关闭，气路切断，送气停止。

电磁气阀阀座只有通电和断电两种状态。在不通电时阀座闭合，通电励磁后开启的形式称为常闭式电磁气阀；反之，称为常开式电磁气阀。由于铁芯的运动，且启动时电流比吸合后的静止电流高2～4倍，会在电磁气阀通电动作时产生较大噪声，因此，设置铜环以吸收电磁噪声。

二、压力开关

压力开关是一种通过气体或液体压力的作用来驱动开关的电接触器件。压力开关的结构及符号见图5-16，它主要由动力或压力敏感元件（感受外界压力）、机械联动机构（传递压力）、微动开关（由常开、常闭触点执行动作）等部分组成。

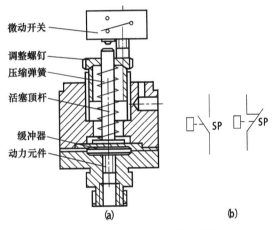

图 5-16　压力开关的结构和符号

当动力元件受到外界气体或液体的驱动压力能克服压缩弹簧的弹力时，推动活塞顶杆上移，致使微动开关动作（即常闭触点断开，常开触点闭合），以对电路进行断通控制。当外界压力消失或压力较低时，活塞在弹簧的作用下脱离微动开关，使触点系统复位。

使压力开关动作的最小压力值称为压力开关的额定值，其大小可根据被控对象的实际使用情况而由螺钉调整，以适应不同要求和场合的需要。

在焊接设备中，一般把水流压力开关的常开触点串接在控制电路中，以保证在水压足够的情况下才能进行正常工作。

选择压力开关时，主要考虑压力范围、工作温度等因素。

习　　题

1. 电动机主电路已设有熔断器，为什么还要再设热继电器？它们的作用有何不同？在照明、电热等纯电阻电路中，是否还需要在主电路中既设置熔断器，又要设置热继电器？为什么？

2. 电动机主电路中的热继电器是按电动机的额定电流整定的。为什么在启动时，启动电流比额定电流大4～7倍，但热继电器并不动作？而在电动机运行时，当电流大于热继电器的整定值时，热继电器却会因过载而动作？

3. 什么是点动控制？试分析图5-17中各控制电路能否实现点动控制？若不能，试说明原因，并加以改正。

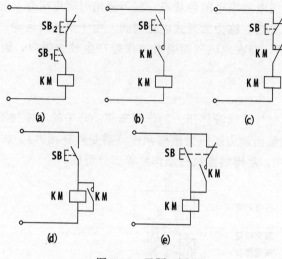

图 5-17 习题 3 图

4. 什么叫自锁？为什么说接触器自锁控制电路具有欠压和失压保护作用？

第六章　焊接电弧及其电特性

本章论述焊接电弧的物理本质、形成、结构和伏安特性，着重研究焊接电弧的电特性及交流电弧燃烧的特点。

第一节　焊接电弧的物理本质和引燃

电弧是电弧焊接的热源，而弧焊电源则是电弧能量的供应者。弧焊电源电特性的好坏会影响到电弧燃烧的稳定性，而电弧是否稳定燃烧又直接影响焊接过程的稳定性和焊缝的质量。所以必须先了解焊接电弧的物理本质和电特性，然后才能进而研究电弧对弧焊电源电气性能的要求。

一、气体原子的激发、电离和电子发射

中性气体本不能导电，为了在气体中产生电弧而通过电流，就必须使气体分子（或原子）电离成为正离子和电子。而且，为了使电弧维持燃烧，要求电弧的阴极不断发射电子，这就必须不断地输送电能给电弧，以补充能量的消耗。

可见，焊接电弧也是气体放电的一种形式，和其他气体放电的区别在于它的阴极压降低，电流密度大，而气体的电离和电子发射是电弧中最基本的物理现象。

（一）气体原子的激发与电离

1. 气体原子的激发

如果气体原子得到了外加的能量，电子就可能从一个较低的能级跳跃到另一个较高能级，这时原子处于"激发"状态。使原子跃至"激发"状态所需的能量，称为激发能。

2. 气体原子的电离

使电子完全脱离原子核的束缚形成正离子和自由电子的过程，称为电离。由原子形成正离子所需的能量称为电离能，以 E_1 表示。

在焊接电弧中，根据引起电离的能量来源，有如下三种电离形式。

（1）撞击电离　在电场中，被加速的带电质点（电子、离子）与中性质点（原子）碰撞后发生的电离。

（2）热电离　在高温下，具有高动能的气体原子（或分子）互相碰撞而引起的电离。

（3）光电离　气体原子（或分子）吸收了光射线的光子能而产生的电离。

气体原子在产生电离的同时，带异性电荷的质点也会发生相互碰撞，使正离子和电子复合成中性质点，即产生中和现象。当电离速度和复合速度相等时，电离就趋于相对稳定的动平衡状态。应指出，原子或分子除释放出自由电子形成正离子和电子之外，有时在电离气体中还存在着原子或分子与电子结合成为负离子的过程，所产生的负离子对电弧的稳定性有不利的影响。

各种元素吸附电子形成负离子的倾向决定于它与电子亲和能的大小，以 E_q 表示。电子亲和能愈大的元素形成负离子的倾向愈大。而元素的电子亲和能的大小是由原子构造所决定的。卤族元素（F、Cl、Br、I 等）的电子亲和能最大。在电弧中可能遇到的 O、O_2、OH^-、NO_2、H_2O、Li 等气体具有一定的电子亲和能，所以都可能形成负离子。几种常见气体和元素的电子亲和能 E_q 见表 6-1。

表 6-1　电弧中常见气体及元素的电离能 E_l、逸出功 W_y、亲和能 E_q

气体	E_l/eV	E_q/eV	元素	E_l/eV	E_q/eV	W_y/eV	元素	E_l/eV	E_q/eV	W_y/eV
He	24.58	<0	Al	5.98	0.52~1.19	4.25	Cs	3.38	0.23	1.81
Ar	15.76	<0	Cr	6.76	0.98	4.29	Pd	4.18	0.27	2.16
N_2	15.50	<0	Ti	6.82	0.39	3.95	K	4.34	0.30	2.22
N	14.53	0.54	Mo	7.10	1.3	4.29	Na	5.14	0.35	2.33
H_2	15.60	<0	Mn	7.43	—	3.38	Ba	5.21	—	2.4
H	13.60	0.8	Ni	7.63	1.28	4.91	Li	5.39	0.616	2.3
O_2	12.5	0.44	Mg	7.64	—	3.64	La	5.61	—	3.3
O	13.61	2.0	Cu	7.72	1.8	4.36	Ca	6.11	—	2.96
CO_2	13.8	—	Fe	7.87	0.58	4.40	B	8.30	0.3	4.30
CO	14.01	—	W	7.98	—	4.50	I	10.45	3.17	2.8~6.8
HF	15.57	—	Si	8.15	1.46	4.80	Br	11.84	3.51	—
			Cd	8.99	—	4.10	Cl	13.01	3.76	—
			C	11.26	1.33	4.45	F	17.42	3.62	—

（二）电子发射

在阴极表面的原子或分子，接受外界的能量而释放自由电子的现象称为电子发射。

电子发射所需的能量称为逸出功，以 W_y 表示。物质的逸出功一般约为电离能的 $1/4\sim1/2$。逸出功不仅与元素种类有关（见表 6-1），也与物质表面状态有很大关系。表面有氧化物或其他杂质时均可以显著减少逸出功。例如，钨极上含有钍或铈的氧化物时，其电子发射能力明显提高。

电子发射是引弧和维持电弧稳定燃烧的一个很重要的因素。按其能量来源的不同，可分为热发射、光电发射、重粒子碰撞发射和强电场作用下的自发射等。

（1）热发射　物质的固体或液体表面受热后，其中某些电子具有大于逸出功的动能而逸出到表面外的空间中去的现象称为热发射。热发射在焊接电弧中起着重要作用，它随着温度上升而增强。

（2）光电发射　物质的固体或液体表面接受光射线的能量而释放出自由电子的现象称为光电发射。对于各种金属和氧化物，只有当光射线波长小于能使它们发射电子的极限波长时，才能产生光电发射。

（3）重粒子撞击发射　能量大的重粒子（如正离子等）撞到阴极上，引起电子的逸出，称为重粒子撞击发射。重粒子能量愈大，电子发射愈强烈。

（4）强电场作用下的自发射　物质的固体或液体表面，虽然温度不高，但当存在强电场并在表面附近形成较大的电位差时，使阴极有较多的电子发射出来，这就称为强电场作用下的自发射，简称自发射。电场愈强，发射出的电子形成的电流密度就愈大。自发射在焊接电弧中也起重要作用，特别是在非接触式引弧时，其作用更明显。

综上所述，焊接电弧是气体放电的一种形式。焊接电弧的形成和维持是在电场、热、光和质点动能的作用下，气体原子不断地被激发、电离以及电子发射的结果。同时，也存在负离子的产生、正离子和电子的复合。

二、焊接电弧的引燃

焊接电弧的引燃（引弧）一般有两种方式，即接触引弧和非接触引弧。引弧过程的电压、电流的变化，大致如图 6-1 所示。

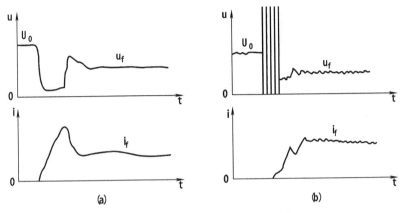

图 6-1 引弧过程的电压、电流变化

U_0—空载电压；u_f—电弧电压；i_f—电弧电流

（一）接触引弧

接触引弧即是在弧焊电源接通后，电极（焊条或焊丝）与工件直接短路接触，随后拉开，从而把电弧引燃起来。这是一种最常用的引弧方式。

由于电极和工件表面都不是绝对平整的，在短路接触时，只是在少数突出点上接触，见图 6-2。通过这些接触点的短路电流，比正常的焊接电流要大得多，而接触点的面积又小，因此电流密度极大。这就可能产生大量的电阻热使电极金属表面发热、熔化，甚至汽化，引起热发射和热电离。随后在拉开电极的瞬间，电弧间隙极小，只有 10^{-6} cm 左右，使其电场强度达到很大的数值（可达 10^6 V/cm）。这样，即使在室温下都可能产生明显的自发射，在强电场作用下又使已产生的带电质点被加速、互相碰撞，引起撞击电离。随着温度的增加，光电离和热电离也进一步加强，使带电质点的数量猛增，从而能维持电弧的稳定燃烧。在电弧引燃之后，电离和中和（消电离）处于动平衡状态。由于弧焊电源不断

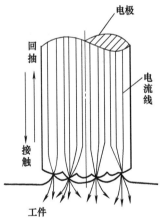

图 6-2 接触引弧示意图

供以电能，新的带电质点不断得到补充，弥补了消耗的带电质点和能量。焊条电弧焊和熔化极气体保护焊都采用这种引弧方式。

（二）非接触引弧

它是指在电极与工件之间存在一定间隙，施以高电压击穿间隙，使电弧引燃。

非接触引弧需采用引弧器才能实现，它可分为高频高压引弧和高压脉冲引弧，如图 6-3 所示。高压脉冲的频率一般为 50Hz 或 100Hz，电压峰值为 3000～5000V；高频高压引弧则需用高频振荡器，它每秒振荡 100 次，每次振荡频率为 150～260kHz 左右，电压峰值为

$2000\sim3000V$。

可见，这是一种依靠高电压使电极表面产生电子的自发射，而把电弧引燃的方法，这种引弧方法主要应用于钨极氩弧焊和等离子弧焊。引弧时，电极不必与工件短路，这样不仅不会污染工件和电极的引弧点，而且也不会损坏电极端部的几何形状，还有利于电弧的稳定燃烧。

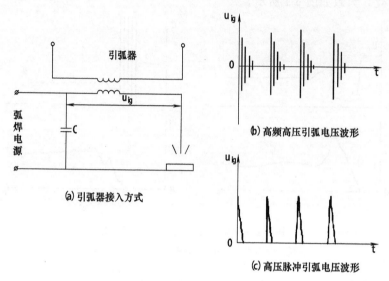

(a) 引弧器接入方式

(b) 高频高压引弧电压波形

(c) 高压脉冲引弧电压波形

图 6-3 高频和脉冲引弧示意图

u_{ig}—引弧器电压；t—时间

三、焊接电弧的种类

焊接电弧的性质与供电电源的种类、电弧的状态、电弧周围的介质以及电极材料有关。按照不同的方法，可作出如下的分类。

① 按电流种类可分为交流电弧、直流电弧和脉冲电弧（包括高频脉冲电弧）。

② 按电弧状态可分为自由电弧和压缩电弧。

③ 按电极材料可分为熔化极电弧和非熔化极电弧。

④ 按电弧周围介质可分为明弧和埋弧。

第二节　焊接电弧的结构和伏安特性

前面分析了焊接电弧的物理本质和形成。现在介绍它的结构和电特性，即伏安特性，包括静特性和动特性。直流电弧和交流电弧是焊接电弧的两种最基本的形式。为了便于理解，首先从直流焊接电弧（以下简称焊接电弧）入手讨论。

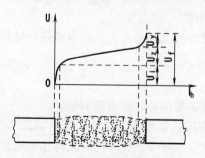

图 6-4　电弧结构和电位分布

一、焊接电弧的结构及压降分布

电弧沿着其长度方向分为三个区域，见图 6-4。电弧与电源正极所接的一端称阳极区，与电源负极相接的那端称阴极区。阴极区与阳极区之间的部分称弧柱区，或称正柱区、电弧等离子区。阴极区的宽度仅约 $10^{-5}\sim$

10^{-6} cm，而阳极区的宽度仅约 $10^{-3} \sim 10^{-4}$ cm，因此，电弧长度可以认为近似等于弧柱长度。弧柱部分的温度高达 $5000 \sim 50000$ K。沿着电弧长度方向的电位分布是不均匀的。在阴极区和阳极区，电位分布曲线的斜率很大，而在弧柱区电位分布曲线则较平缓，并可认为是均匀分布的，见图 6-4。这三个区的电压降分别称为阴极压降 U_i、阳极压降 U_y 和弧柱压降 U_z。它们组成了总的电弧电压 U_f，并可表示为

$$U_f = U_i + U_y + U_z \tag{6-1}$$

由于阳极压降基本不变（可视为常数）；而阴极压降 U_i 在一定条件下（指的是电弧电流、电极材料和气体介质等）基本上也是固定的数值；弧柱压降 U_z 则在一定气体介质下与弧柱长度成正比。显而易见，弧长不同，电弧电压也不同。

二、焊接电弧的电特性

焊接电弧的电特性包括静特性和动特性。

（一）焊接电弧的静特性

一定长度的电弧在稳定状态下，电弧电压 U_f 与电弧电流 I_f 之间的关系，称为焊接电弧的静态伏安特性，简称伏安特性或静特性，可表示为

$$U_f = f(I_f) \tag{6-2}$$

焊接电弧是非线性负载，即电弧两端的电压与通过电弧的电流之间不是成正比例关系。当电弧电流从小到大在很大范围内变化时，焊接电弧的静特性近似呈 U 形曲线，故也称为 U 形特性，如图 6-5 所示。

U 形静特性曲线可看成由三段（Ⅰ、Ⅱ、Ⅲ）组成。在 Ⅰ 段，电弧电压随电流的增加而下降，是下降特性段；在 Ⅱ 段，呈等压特性，即电弧电压不随电流而变化，是平特性段；在 Ⅲ 段，电弧电压随电流增加而上升，是上升特性段。

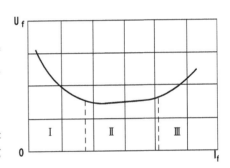

图 6-5　焊接电弧的静特性曲线的形状

现在研究静特性各段形状的形成机理。由式（6-1）可知，电弧电压是阴极压降、阳极压降和弧柱压降之和。因此，只要弄清了每个区域的压降和电流的关系，则不难理解为何会形成 U 形特性。

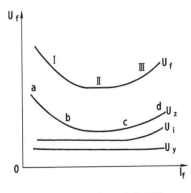

图 6-6　电弧各区域的压降与电流的关系图

在阳极区，阳极压降 U_y 基本上与电流无关，$U_y = f(I_f)$ 为一水平线，见图 6-6 U_y 曲线。

在阴极区，当电弧电流 I_f 较小时，阴极斑点（在阴极上电流密度高的光点）的面积 S_i 小于电极端部的面积。这时，S_i 随 I_f 增加而增大，阴极斑点上的电流密度 $j_i = \dfrac{I_f}{S_i}$ 基本上不变。这意味着阴极的电场强度不变，因而 U_i 也不变。此时，$U_i = f(I_f)$ 为一水平线。到了阴极斑点面积和电极端部面积相等时，I_f 继续增加，则 S_i 不能再扩张，于是 j_i 也就随着增大了。这势必造成 U_i 增大，以加剧阴极的电子发射。因此，U_i 随 I_f 的增大而上升，

见图 6-6U_i曲线。

在弧柱区，可以把弧柱看成是一个近似均匀的导体，其电压降可表示为

$$U_z = I_f R_z = I_f \frac{l_z}{S_z r_z} = j_z \frac{l_z}{r_z} \tag{6-3}$$

式中，R_z为弧柱电阻；l_z为弧长度；S_z为弧柱截面积；r_z为弧柱的电导率；j_z为弧柱的电流密度。

可见，当弧柱长 l_z 一定时，U_z与j_z和r_z有关。可把 U_z与 I_f的关系分为 ab、bc、cd 三段（见图 6-6 的 U_z曲线）来分析。

在 ab 段：电弧电流较小，S_z 随 I_f的增加而扩大，而且 S_z扩大较快，使$j_z = \frac{I_f}{S_z}$降低。同时，I_f增加使弧柱的温度和电离度均增高，因而 r_z增大。由式（6-3）可见，j_z减小和 r_z增大，都会使 U_z下降，所以 ab 段是下降形状。

在 bc 段：电弧电流中等大小，S_z 随 I_f成比例地增大，j_z 基本不变；此时 r_z不再随温度增加，故 $U_z = j_z \frac{l_z}{r_z} \approx$ 常数，bc 段为水平形状。

在 cd 段：电弧电流很大，随着 I_f的增加，r_z仍基本不变，但 S_z不能再扩大了，j_z随着 I_f的增加而增加，所以 U_z随 I_f的增加而上升。cd 段为上升形状。

综上所述，把U_y、U_i 和 U_z 的曲线叠加起来，即得到 U 形静特性曲线——$U_f = f(I_f)$。

对于各种不同的焊接方法，它们的电弧静特性曲线是有所不同的，而且在其正常使用范围内，并不包括电弧静特性曲线的所有部分。静特性的下降段由于电弧燃烧不稳定而很少采用。焊条电弧焊、埋弧焊多半工作在静特性的水平段，即电弧电压只随弧长而变化，与焊接电流关系很小；非熔化极气体保护焊、微束等离子弧焊、等离子弧焊也多半工作在水平段；当焊接电流较大时才工作在上升段；熔化极气体保护焊（氩弧焊和 CO_2 焊）和水下焊接基本上工作在上升段。几种常用焊接方法的电弧静特性曲线，见图 6-7。

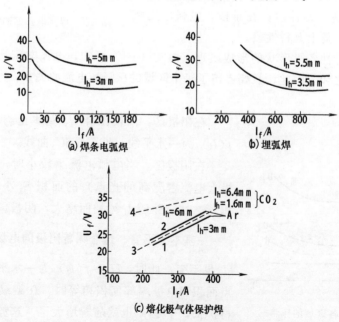

图 6-7　几种常用弧焊方法的电弧静特性曲线

(二) 焊接电弧的动特性

上面讨论的电弧静特性是在稳定状态下得到的, 例如图 6-8 中的 *abcd* 电弧静特性曲线。但是, 在某些焊接过程中, 电流和电压都在高速变动的时候, 使电弧达不到稳定状态。

所谓焊接电弧的动特性, 是指在一定的弧长下, 当电弧电流很快变化的时候, 电弧电压和电流瞬时值之间的关系——$u_f = f(i_f)$。

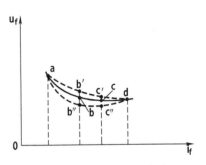

图 6-8　电弧的动特性曲线

如果图 6-8 中的电流由 *a* 点以很快的速度连续增加到 *d* 点, 则随着电流增加, 使电弧空间的温度升高。但是后者的变化总是滞后于前者, 这种现象称为热惯性。当电流增加到 i_b 时, 由于热惯性关系, 电弧空间温度还没达到 i_b 时稳定状态的温度。由于电弧空间温度低, 弧柱导电性差, 阴极斑点与弧柱截面积增加较慢, 维持电弧燃烧的电压不能降至 *b* 点, 而将提高到 *b'* 点。以此类推, 对应于每一瞬间电弧电流的电弧电压, 就不在 *abcd* 实线上, 而是在 *ab'c'd* 虚线上。这就是说, 在电流增加的过程中, 动特性曲线上的电弧电压比静特性曲线上的电弧电压值高; 反之, 当电弧电流由 i_d 迅速减小到 i_a 时, 同样由于热惯性的影响, 电弧空间温度来不及下降。此时, 对应每一瞬时电弧电流的电压将低于静特性之电压, 而得到 *ab"c"d* 曲线。图中的 *ab"c"d* 和 *ab'c'd* 曲线为电弧的动特性曲线。电流按不同规律变化时将得到不同形状的动特性曲线。电流变化速度愈小, 静、动特性曲线就愈接近。

第三节　交流电弧

交流电弧的引燃和燃烧, 就其物理本质而言, 与上述的直流电弧相同。交流电弧也是非线性的。上述的焊接电弧静特性对于交流电弧也是适用的。这时, U_f 和 I_f 分别表示电弧电压和电弧电流的有效值。但是, 交流电弧作为弧焊电源的负载, 还有其特殊性。因此, 在确定对弧焊电源的要求之前, 还必须研究交流电弧的特点。

一、交流电弧的特点

交流电弧一般是由 50Hz 按正弦规律变化的电源供电。每秒钟内电弧电流 100 次过零点, 即电弧的熄灭和引燃过程每秒出现 100 次。这就使交流电弧放电的物理条件也随着改变, 具有特殊的电和热的物理过程, 这对电弧的稳定燃烧和弧焊电源的工作有很大的影响。交流电弧的特点如下。

1. 电弧周期性地熄灭和引燃

交流电流每当经过零点并改变极性时, 电弧熄灭, 电弧空间温度下降, 这就使电弧空间的带电质点发生中和现象, 降低了电弧空间的导电能力。在电压改变极性的同时, 使上半周内电极附近形成的空间电荷, 力图往另一极运动, 加强了中和作用, 电弧空间的导电能力进一步降低, 使下半周期电弧重新引燃更加困难。只有当电源电压 *u* 增至大于引燃电压 U_{yh} 后电弧才有可能引燃 (参见图 6-11)。如果焊接回路中没有足够的电感, 则从上半波电弧熄灭至下半波电弧重新引燃之前可能有一段电弧熄灭时间。在熄弧时间内, 电弧空间热量愈少、温度下降愈严重, 将使 U_{yh} 增大, 熄弧时间增长, 电弧也愈不稳定。若 $U_{yh} > U_m$ (电源电压最大值），就不能重新引燃电弧。

2. 电弧电压和电流波形发生畸变

由于电弧电压和电流是交变的，电弧空间和电极表面的温度也就随时变化。因而，电弧电阻不是常数，也将随电弧电流 i_f 的变化而变化。这样，当电源电压 u 按正弦规律变化时，电弧电压 u_f 和电流 i_f 就不按正弦规律变化，而发生了波形畸变。电弧愈不稳定（U_{yh} 愈大，熄弧时间愈长），电流波形暗变就愈明显（即与正弦曲线的差别愈大）。图 6-9（a）就是电弧不连续燃烧，发生畸变的电弧电压及电流的波形。图 6-9（b）则为电弧连续燃烧的电弧电压及电流的波形。

3. 热惯性作用较为明显

由于 u_f、i_f 变化得很快，电弧热的变化来不及达到稳定状态，使电弧温度的变化落后于电流的变化。这可由电弧的动特性曲线 $u_f = f(i_f)$ 表明，见图 6-11（b）。

二、交流电弧连续燃烧的条件

交流电弧燃烧时若有熄弧时间，则熄弧时间愈长，电弧就愈不稳定。为了保证焊接质量，必须将熄弧时间减小至零，使交流电弧能连续燃烧。

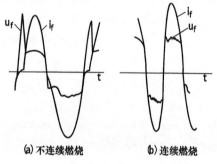

(a) 不连续燃烧　　(b) 连续燃烧

图 6-9　埋弧焊电弧电压和电流波形图

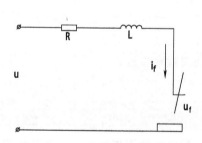

图 6-10　交流电弧供电原理简图

图 6-10 是经过简化的交流电弧供电原理图。u 为按正弦曲线变化的电源电压，即 $U = U_m \sin(\omega t + \varphi)$。$R$ 为电路的电阻参数，L 为电感。这一电路的电源电压 u、电弧电压 u_f 和电弧电流 i_f 随时间的变化曲线，如图 6-11 所示。

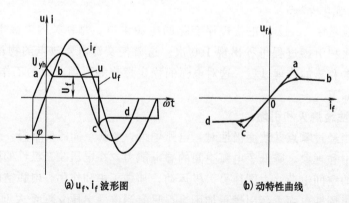

(a) u_f、i_f 波形图　　　　(b) 动特性曲线

图 6-11　交流电源电压 u、电弧电压 u_f 和电弧电流 i_f 随时间的变化曲线

由于电路中存在电感 L，所以电流 i_f 比电源电压 u 滞后了 φ 角。要使电弧连续燃烧，首先要保证每半波内电弧能够顺利引燃。这就要求在前半彼电流为零时（图中 $t=0$）的电源

电压 u 应大于交流电弧的引燃电压 U_{yh}，即 $t=0$ 时

$$u = U_m \sin\varphi \geq U_{yh} \qquad (6\text{-}4)$$

在电弧燃烧过程中，电弧空间温度升高，导电性能改善，所以可近似地认为，引燃电压 U_{yh} 接近等于正常电弧电压 U_f。电弧引燃后，电弧电流 i_f 从零开始增大。当电源电压 u 下降到小于 u_f 时，i_f 开始减小，于是产生自感电势 $-L\dfrac{di_f}{dt}$，以阻止电弧电流 i_f 减小，而起着维持电弧继续燃烧的作用。在每半波时间内，L 愈大，在电源电压过零之后电弧能维持燃烧的时间也就愈长。

由此可见，要使电弧能连续燃烧，就必须使电弧电流能维持到半个周期。这样，当电弧电流 i_f 复又为零而要改变极性时，电源电压 u 已经在另一半波达到电弧的引燃电压 U_{yh}。于是电弧可以在另一半波立即引燃，使熄弧时间为零。图 6-11（a）所示的波形是符合这个连续燃烧的临界条件的。

三、提高交流电弧稳定性的措施

（1）提高弧焊电源频率　有的国家曾采用一种 200～400Hz 可连续调节的弧焊电源。由于此种弧焊电源结构复杂、成本高，故很少使用。近几年来由于大功率电子元件和电子技术的发展，采用较高频率的交流弧焊电源已成为现实。

（2）提高电源的空载电压　提高空载电压能提高交流电弧的稳定性。但空载电压高会带来对人身的不安全、增加材料消耗、降低功率因数等不利后果，所以，提高空载电压是有限度的。

（3）改善电弧电流的波形　如使电弧电流波形为矩形波，则电弧电流过零点时将具有较大的增长速度，从而可减小电弧熄灭的倾向，其电流波形如图 6-12 所示。

此外，还可采用小功率高压辅助电源，在交流矩形波（方波）过零点处叠加一个高压窄矩形波，如图 6-13 所示。

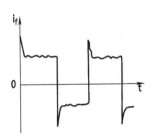

图 6-12　矩形波电流波形图

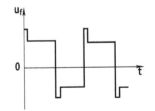

图 6-13　叠加高压小矩形波波形

由于晶闸管技术的发展，已经出现多种形式的矩形波弧焊电源，其稳弧效果良好。这种电源甚至可用于不加稳弧装置的氩弧焊接，以及代替直流弧焊电源用于碱性焊条的焊接等。

（4）叠加高压电　例如在钨极交流氩弧焊接铝时，由于铝工件的热容量和热导率高，熔点低，尺寸又大，因而其为负极性的半周再引弧困难。为此，需在这个半周再引弧时，加上高压脉冲或高频高压电，使电弧稳定燃烧。

习　题

一、填空

1. 电弧是气体放电的一种形式，电弧中_____和_____是最重要的物理现

象，同时也伴随着激励、复合、_____ 的产生等其他一些现象。

2. 气体电离根据能量来源不同，有三种电离形式：_____、_____、_____。

3. 焊接电弧的引燃一般有两种方式：_____ 和 _____。

4. 对于焊条电弧焊、埋弧焊、非熔化极气体保护焊多数情况下电弧工作在静特性曲线的 _____ 段，CO_2 气体保护焊电弧静特性曲线基本上工作在 _____ 段。

5. 电弧沿着其长度方向分为三个区域，分别为 _____、_____、_____。

6. 根据供给能量来源的不同，阴极电子发射可分为 _____、_____、_____ 和 _____ 四种形式。

7. 在一定的弧长下，当电弧电流以很快的速度变化时，电弧电压和电流瞬时值之间的关系，称为电弧的 _____。

二、选择

1. 焊条电弧焊的电弧是属于自由电弧，等离子弧焊的电弧是属于（   ）。

A. 脉冲电弧　　　B. 自由电弧　　　C. 压缩电弧　　　D. 尾焰电弧

2. 焊接时，产生和维持电弧燃烧的必要条件是（   ）。

A. 碰撞电离和热电离　　　　　　B. 一定的电流强度

C. 阴极电子发射和气体电离　　　D. 较高的空载电压

3. 一般焊条电弧焊的焊接电弧中温度最高的是（   ）。

A. 阴极区　　　B. 阳极区　　　C. 弧柱区　　　D. 无法确定

4. 焊接电弧静特性曲线的形状类似（   ）。

A. U 形　　　B. 直线形　　　C. 正弦曲线　　　D. n 形

5. 减少或防止焊接电弧偏吹不正确的方法是（   ）。

A. 采用短弧焊　　　　　　　　B. 适当调整焊条角度

C. 采用较小的焊接电流　　　　D. 采用直流电源

6. 随着焊接电流的增大，电弧燃烧（   ）。

A. 越稳定　　　B. 越不稳定　　　C. 无影响　　　D. 稳定性不变

7. 焊接是采用（   ）方法，使焊件达到原子间结合的。

A. 加热　　　　　　　　　　　　B. 加压

C. 加热或加压，或两者并用　　　D. 加热或加压，或两者并用，并且用（或不用）填充材料

8. 用冷阴极进行焊接时，阴极电子发射最主要的形式是（   ）。

A. 热电子发射　　　　　　　　　B. 场致电子发射

C. 光电子发射　　　　　　　　　D. 撞击电子发射

9. 焊条电弧焊、埋弧焊电弧一般工作在电弧静特性曲线的（   ）。

A. 水平段　　　B. 上升段　　　C. 下降段

三、问答

1. 什么叫弧焊电源？学习《弧焊电源》课程的目的是什么？

2. 弧焊电源可分为哪几大类？按什么分类？

3. 焊接电弧的压降如何分布？

4. 焊接电弧的静特性是什么?

5. 焊接电弧的动特性是什么?

6. 焊条电弧焊、埋弧焊、CO_2 气体保护焊的电弧静特性是怎样的?

7. 交流电弧有什么特点?

8. 为保证交流电弧连续燃烧,电路参数应当怎样配合?

9. 有哪些因素影响交流电弧燃烧的稳定性?

10. 从电源考虑,应采取什么措施来稳定交流电弧?

11. 何谓热惯性?

第七章 对弧焊电源的基本要求

本章阐述了焊接电弧对弧焊电源的基本要求，着重讨论弧焊工艺对弧焊电源的外特性、调节性能和动特性的要求。

弧焊电源是电弧焊机中的核心部分，是用来对焊接电弧提供电能的一种专用设备。对它的要求有与一般电力电源相同之处，例如从经济观点出发，要求结构简单轻巧、制造容易、消耗材料少、节省电能、成本低；从使用观点出发，要求使用方便、可靠、安全、性能良好和容易维修。

然而，在弧焊电源的电气特性和结构方面，还具有不同于一般电力电源的特点。这主要是由于弧焊电源的负载是电弧，它的电气性能就要适应电弧负载的特性。因此，弧焊电源需具备工艺适应性，即应满足弧焊工艺对电源的下述要求：

① 保证引弧容易；

② 保证电弧稳定；

③ 保证焊接规范稳定；

④ 具有足够宽的焊接规范调节范围。

为满足上述工艺要求，弧焊电源的电气性能应考虑以下三个方面：

① 对弧焊电源外特性的要求；

② 对弧焊电源调节性能的要求；

③ 对弧焊电源动特性的要求。

上述几点是对弧焊电源的基本要求。此外，在特殊环境下（如高原、水下和野外焊接等）工作的弧焊电源，还必须具备相应的对环境的适应性。为适应新型弧焊工艺发展的需要，必须研制出具有相应电气性能的新型弧焊电源，即随着焊接工艺的发展对弧焊电源还可能提出新的要求。

第一节 对弧焊电源外特性的要求

一、电源的外特性

"电源"这一术语的含义，是指对负载供以电能的装置。弧焊电源是对焊接电弧供以电能的装置。例如弧焊变压器、弧焊整流器、弧焊逆变器、弧焊发电机等。

在电源内部参数一定的条件下，改变负载时，电源输出的电压稳定值 U_y，与输出的电流稳定值 I_y 之间的关系曲线——$U_y = f(I_y)$ 称为电源的外特性。对于直流电源，U_y 和 I_y 为平均值，对于交流电源则为有效值。

一般直流电源的外特性方程式为

$$U_y = E - I_y r_0$$

式中，E 为直流电源的电动势；r_0 为电源内部电阻。

当内阻 $r_0 > 0$ 时，随着 I_y 增加，U_y 下降，即其外特性是一条下倾直线，如图 7-1 所示。而且 r_0 愈大，外特性下倾程度愈大。

当内阻 $r_0 = 0$ 时，则 $U_y = E_0$，这时输出电压不随电流变化，电源的外持性平行于横轴，称为平特性或恒压性。

对于一般负载，如电灯、电炉等，要求供电的电源内阻 r_0 愈小愈好，即外特性尽可能接近于平的。就是说，应能基本上保持电力电源输出的电压稳定不变。这样，与电源并联运行的某一个负载变化时，就不会影响其他负载的运行。

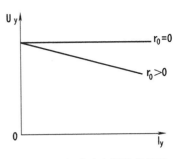

图 7-1　一般直流电源的外特性

对于弧焊电源来说，它的供电对象不是电灯、电炉这样的线性电阻性负载，而是特殊的负载——电弧。那么，它要有怎样的外特性才能确保其稳定地工作呢？这是需要深入讨论的。

二、"电源-电弧" 系统的稳定性

在电弧焊接过程中，电源起供电作用，电弧是作为供电对象而用电，从而构成"电源-电弧"系统，如图 7-2 所示。

所谓"电源-电弧"系统的稳定性应包含两方面的含义。

① 系统在无外界因素干扰时，能在给定电弧电压和电流下，维持长时间的连续电弧放电，保持静态平衡。此时应有如下关系：

$$U_f = U_y, \quad I_f = I_y \qquad (7\text{-}1)$$

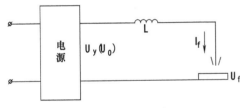

图 7-2　"电源-电弧"系统电路的示意

式中，U_f 和 I_f 各为电弧电压和电弧电流的稳定值。

为满足式（7-1），电源外特性 $U_y = f(I_y)$ 与电弧静特性 $U_f = f(I_f)$ 必须能够相交，如图 7-3（a）所示，电源外特性 1 与电弧静特性 2 相交于 A_0 和 A_1 点。这两个交点确定了系统的静态稳定状态。但在实际焊接过程中，由于操作的不稳定、工件表面的不平和电网电压的突然变化等外界干扰的出现，都会破坏这种静态平衡。

② 当系统一旦受到瞬时的外界干扰，破坏了原来的静态平衡，造成了焊接规范的变化。但当干扰消失之后，系统能够自动地达到新的稳定平衡，使得焊接工艺参数重新恢复。

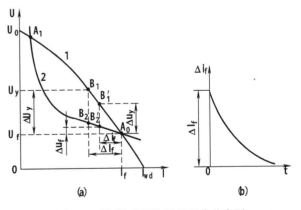

图 7-3　"电源-电弧"系统工作状态图

现分析为了满足上述系统稳定性要求的条件。为了分析方便，暂不考虑熔化极的电弧自身调节作用，只考虑焊接电路电感的影响。

图 7-2 所示系统的动平衡方程式是

$$U_y(I)=U_f(I)+L\frac{\mathrm{d}I}{\mathrm{d}t} \tag{7-2}$$

由图 7-3 可见，假定在时间 $t=0$ 时，由于某种因素的影响，引起电弧电流向减小的方向偏移了 ΔI_f。当外干扰消除后这个电流偏差值 ΔI_f 也要变化。用 Δi_f 表示其偏差瞬时值。则在 $t>0$ 时，电路中电流 I 应为原来的稳定值 I_f 与此刻的偏差值 Δi_f 之和，即

$$I=I_f+\Delta i_f$$

此时，式（7-2）应写成

$$U_y(I_f+\Delta i_f)=U_f(I_f+\Delta i_f)+L\frac{\mathrm{d}(I_f+\Delta i_f)}{\mathrm{d}t} \tag{7-3}$$

电源外特性和电弧静特性一般是非线性的，但对应于 ΔI_f 不大的 A_0B_1 和 A_0B_2 线段内可近似地认为是直线，并与 A_0 点上特性曲线的切线相重合。对应于 B_1'、B_2' 点的电压分别为

$$U_y(I_f+\Delta i_f)=U_f+\Delta u_y=U_f+\left(\frac{\partial U_y}{\partial I}\right)_{I_f}\Delta i_f$$

$$U_f(I_f+\Delta i_f)=U_f+\Delta u_f=U_f+\left(\frac{\partial U_f}{\partial I}\right)_{I_f}\Delta i_f$$

将上两式代入式（7-3）得

$$\Delta i_f\left(\frac{\partial U_y}{\partial I}\right)_{I_f}=\Delta i_f\left(\frac{\partial U_f}{\partial I}\right)_{I_f}+L\frac{\mathrm{d}(\Delta i_f)}{\mathrm{d}t} \tag{7-4}$$

令 $\left(\frac{\partial U_f}{\partial I}-\frac{\partial U_y}{\partial I}\right)_{I_f}=K_w$，$K_w$ 作为系统的稳定系数。

于是式（7-4）变成

$$L\frac{\mathrm{d}(\Delta i_f)}{\mathrm{d}t}+\Delta i_f K_w=0$$

此式是常系数一阶线性微分方程。考虑初始条件：当 $t=0$ 时，$\Delta i_f=\Delta I_f$，此方程的解为

$$\Delta i_f=\Delta I_f \mathrm{e}^{-\frac{K_w}{L}t} \tag{7-5}$$

从式（7-5）可见，由于电感 L 总是正的，只有 $K_w>0$，电流偏差值 Δi_f 在干扰消失后才会随时间的增长而消失。如图 7-3（b）所示，电流偏差值按指数曲线衰减。因而，可以根据工作点的 K_w 值是否大于零，来判断这个点是不是稳定点。

因而，"电源-电弧"系统的稳定条件是

$$K_w=\left(\frac{\partial U_f}{\partial I}-\frac{\partial U_y}{\partial I}\right)_{I_f}>0 \tag{7-6}$$

这就是说，电弧静特性曲线在工作点上的斜率 $\left(\frac{\partial U_f}{\partial I}\right)$ 必须大于电源外特性曲线在工作点上的斜率 $\left(\frac{\partial U_y}{\partial I}\right)$，由图 7-3 可以看出，当电弧静特性曲线形状一定时，K_w 值取决于电源外特性曲线的形状。从图 7-3（a）可见，只有在 A_0 点才符合 $K_w>0$ 的条件，所以 A_0 点是稳定工作点；而在 A_1 点 $K_w<0$，因此它不是稳定工作点。

上述是用数学方法来判断系统是否稳定。此外，还可以从系统状态变化的物理过程来论证 A_0 与 A_1 哪一点是稳定工作点。对于 A_0 点而言，当某种因素使工作点 A_0 的电弧电流向减小方向偏移了 ΔI_f 时，电源工作点移至 B_1，此时电源电压为

$$U_y = U_f + \Delta U_y$$

而电弧工作点移至 B_2，这时 $U_y > U_f$，供大于求，这就使电流增加，从而使电弧电流偏移量 ΔI_f 减小，直至恢复到原来的平衡点 A_0。同理，当某种因素使电弧电流向增加方向偏移时，也能自动恢复，请读者自己分析。

对于 A_1 点而言，当电弧电流增加时，同样会出现 $U_y > U_f$，使电流继续增加，直至工作点移至 A_0 点才达到平衡，即不能回到原工作点 A_1。如果电弧电流减小，则出现相反的情况，电流将继续减小直至电弧熄灭。因此，A_1 不是稳定工作点。

"电源-电弧"系统恢复到稳定状态的速度，与电源电压和电弧电压之差值及回路的电感 L 有关［见式（7-5）］。上述电压的差值愈大，即 K_w 愈大；回路电感愈小，则恢复愈快，稳定性愈好。

上面的结论是从直流焊接电弧与电源系统的情况得出的。但其系统的稳定条件（$K_w > 0$）也同样适合于交流弧焊电源。

三、 对弧焊电源外特性曲线的要求

电源的外特性形状除了影响"电源-电弧"系统的稳定性之外，还关联着焊接规范的稳定。在外界干扰使弧长变化的情况下，将引起系统工作点移动和焊接规范出现静态偏差。为获得良好的焊缝成形，要求这种焊接规范的静态偏差愈小愈好，亦即要求焊接规范稳定。有时某种形状的电源外特性可满足"电源-电弧"系统的稳定条件，但却不能保证焊接规范稳定。因此，一定形状的电弧静特性需选择适当形状的电源外特性与之相配合，才能既满足系统的稳定条件又能保证焊接规范稳定。此外，电源外特性形状还关系到电源的引弧性能、熔滴过渡过程和使用安全性等，这些也都是考虑对电源外特性要求的根据。

由于在各种弧焊方法中，电弧放电的物理条件和所用的焊接规范不同，使它们的电弧静特性具有不同的形状，因此得分别讨论不同弧焊方法对电源外特性的要求，并分为对空载点、工作区段和短路区段三个部分来论述。对于空载点，是讨论对空载电压的要求，对于工作区，是分析对其形状的要求；对于短路区，要说明对其形状和短路电流的要求。

（一）对弧焊电源外特性工作区段形状的要求

弧焊电源外特性工作区段是指外特性上在稳定工作点附近的区段。

1. 焊条电弧焊

在焊条弧焊中，一般是工作于电弧静特性的水平段上。采用下降外特性的弧焊电源，便可以满足系统稳定性的要求。但是，怎样的下降特性曲线才更合适，还得从保证焊接规范稳定和保证电弧的弹性好来考虑。焊接过程中，由于工件形状不规则或手工操作技能的影响，使电弧长度发生变化时，会引起焊接电流产生偏差。焊接电流静态偏差小，则焊接规范稳定、电弧弹性好。

如图 7-4 所示，当弧长从 l_1 变化到 l_2 时，电弧静特性曲线 l_2 与下降陡度较大的电源外特性曲线 1 的交点由 A_0 移至 A_1，电流偏差为 ΔI_1。而与下降陡度较小的电源外特性曲线 2 的交点由 A_0 移至 A_2，电流偏差为 ΔI_2。显然 $\Delta I_2 > \Delta I_1$。当电弧长度增大时，结果相同。由此可

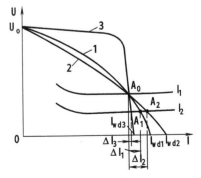

图 7-4　弧长变化时引起的电流偏移量

1,2—缓降特性；3—恒流特性；

l_1, l_2—电弧静特性

见，在弧长变化时，电源外特性下降的陡度愈大，即 K_w 值愈大，则电流偏差就愈小。这样一方面可使焊接规范稳定，另一方面还可增强电弧弹性。因为弧长增长将使电流减小，当电流减小到一定限度就会导致熄弧。若电源外特性下降陡度大，则允许弧长有较大程度的拉长却不致使电流小于这个限度而熄弧，即电弧弹性好。使用如图 7-4 中曲线 3 所示的垂直下降（恒流）外特性的电源，则焊接规范是最稳定的，电弧弹性也是最好的。但是，其短路电流 I_{wd} 过小将造成引弧困难，电弧推力弱，熔深浅，而且熔滴过渡困难。然而，当电源外特性过于平缓时，短路电流 I_{wd} 又将过大，使飞溅增大，电弧不够稳定，电弧的弹性也较差。因此，陡度过大和过小的电源均不适合焊条电弧焊，故规定弧焊电源的外特性应满足下式：

$$1.25 < \frac{I_{wd}}{I_f} < 2$$

最好采用恒流带外拖特性的弧焊电源。它既可体现恒流特性使焊接规范稳定的特点，又通过外拖增大短路电流，提高了引弧性能和电弧熔透能力。而且可以根据焊条类型、板厚和工件位置的不同来调节外拖拐点和外拖部分斜率，以使熔滴过渡具有合适的推力，从而得到稳定的焊接过程和良好的焊缝成形。

2. 熔化极弧焊

熔化极弧焊包括埋弧自动焊、熔化极氩弧焊（MIG）和 CO_2 气体保护焊与含有活性气体的混合气体保护焊（MAG）等。这些弧焊方法，不仅要根据其电弧静特性的形状，而且还要考虑送丝的方式来选择合适的弧焊电源外特性工作部分的形状。根据送丝方式不同，熔化极弧焊可分为下述两种。

（1）等速送丝控制系统的熔化极弧焊 CO_2/MAG、MIG 焊或细丝（直径 $\phi \leqslant 3mm$）的直流埋弧自动焊，电弧静特性均是上升的。电源外特性为下降、平、微升（但上升的陡度需小于电弧静特性上升的陡度）都可以满足"电源-电弧"系统稳定条件。但这些焊接方法，特别是半自动焊时，由于电极中的电流密度较大，电弧的自身调节作用较强。如图 7-5 所示，曲线 1 和曲线 2 各为近于平的电源外特性和下降的电源外特性，曲线 3 为某一

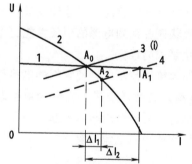

图 7-5 电弧静特性为上升形状时电源外特性对电流偏差的影响

定弧长时的电弧静特性，设分别用这两种电源焊接时稳定工作点都是 A_0。若外界干扰使弧长变短，则电弧静特性曲线变为 4。于是稳定工作点也各自移至 A_1 和 A_2，即比 A_0 点对应的电流有所增大，这势必使焊丝加快熔化，弧长增长，稳定工作点恢复至 A_0；反之，若弧长增长则电流减小，于是焊丝熔化变慢，弧长变短，亦能恢复至 A_0 点。这种当弧长变化时，引起电流和焊丝熔化速度变化，使弧长恢复的作用称为电源-电弧系统的自身调节作用（以下简称自身调节作用）。由图 7-5 可见，当弧长变化时，用平的电源外特性产生的电流偏差 ΔI_2，将大于用下降电源外特性的电流偏差 ΔI_1。亦即前者的弧长恢复得快，电源-电弧系统的自身调节作用较强。因此，在焊丝中电流密度较大、电弧静特性为上升的条件下，应尽可能采用平的电源外特性，这时自身调节作用才足够强烈，可使焊接规范稳定。这样也就可以用简单的，如图 7-6 所示的等速送丝控制系统。此外，用平外特性电源还具有短路电流大、易于引弧、有利于防止焊丝回烧和粘丝等好处。采用微升外特性的电源固然可进一步增强自身调节作用，但因其会引起严重的飞溅等原因而一般不采用。

（2）变速送丝控制系统的熔化极弧焊　通常的埋弧焊（焊丝直径大于 3mm）和一部分 MIG 焊，它们的电弧静特性是平的。为满足 $K_w > 0$，只能采用下降外特性的电源。而且这类焊接方法焊丝中电流密度较小，自身调节作用不强，不足以在弧长变化时维持焊接规范稳定，所以也就不宜采用等速送丝控制系统，而应采用如图 7-7 所示的变速送丝控制系统。它是利用电弧电压作为反馈量来调节送丝速度。当弧长增长时，电弧电压增大迫使送丝加快，因而弧长得以恢复。这种强制调节作用的强弱，与电源外特性形状无关。选择较陡的下降外特性，则在弧长变化时引起的电流偏差较小，有利于焊接规范的稳定。

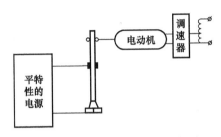

图 7-6　等速送丝控制系统示意图

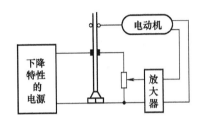

图 7-7　变速送丝控制装置示意图

3. 非熔化极弧焊

这种弧焊方法包括钨极氩弧焊（TIG）、非熔化极等离子弧焊以及非熔化极脉冲弧焊等。它们的电弧静特性工作部分呈平的或上升的形状。对于这几种焊接方法稳定焊接规范主要是指稳定焊接电流，故最好采用恒流特性的电源。如图 7-4 中曲线 3 所示，当弧长由 l_1 变为 l_2 时，恒流特性的电流偏差 ΔI_3 很小。

4. 熔化极脉冲弧焊

一般采用等速送丝，利用"电源-电弧"系统的自身调节作用来稳定焊接规范，维弧阶段和脉冲阶段分别工作于两条电源外特性上。为增强"电源-电弧"系统的自身调节作用，维弧阶段和脉冲阶段都采用平的外特性（即"平-平"特性）比较好，采用"平-降"特性或"降-平"特性也还可以，最好是用双阶梯形特性。

双阶梯形特性是近年来出现的一种新型的特性组合。如图 7-8 所示，当弧长为 l_0 时，则其维弧电弧在 A 点工作，脉冲电弧在 B 点工作。若受偶然因素干扰，使弧长变短为 l_1 时，则其维弧工作点将移至 A_1，脉冲电弧工作点将移至 B_1。由于在脉冲阶段电源具有恒流特性，因此熔滴过渡均匀，在维弧阶段电源具有恒压待性，使"电源-电弧"系统自身调节作用强而能防止短路。反之，如

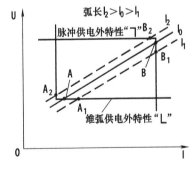

图 7-8　双阶梯形特性

弧长增长至 l_2 时，维弧阶段电源外特性的恒流部分可保证小电流时不断弧。若电弧拉长超过 l_2 时，脉冲电弧工作点向左移，使电压不变、电流下降，焊丝熔化速度减慢，因而不会烧坏焊嘴。

根据不同的焊接工艺要求，脉冲电弧和维弧电弧的工作点也可分别处在恒压和恒流特性段，或者任意组合，这就是所谓可控外特性。外特性可以在焊接过程中进行切换。这样一来，电弧静特性与电源外特性的交点——稳定工作点，就在不断变动，而不是静止的。

这种可控外特性只有用新型电子弧焊电源（例如晶体管式弧焊电源）才能得到。它是为适应精密优质的脉冲弧焊、微计算机控制的自动焊和弧焊机器人的焊接而发展起来的。

（二）对弧焊电源空载电压的要求

电源空载电压的确定应遵循以下几项原则。

（1）保证引弧容易 引弧时，焊条（或焊丝）和工件接触，因两者的表面往往有锈污或其他杂质，所以需要较高的空载电压才能将高电阻的接触面击穿，形成导电通路。再者，引弧时两极间隙的空气由不导电状态转变为导电状态，气体的电离和电子发射均需要较高的电场能，故空载电压愈高，则愈有利。

（2）保证电弧的稳定燃烧 为确保交流电弧的稳定燃烧，要求 $U_0 \geqslant (1.8 \sim 2.25)U_f$。

（3）保证电弧功率稳定 据第六章所述，为了保证交流电弧功率稳定要求：

$$2.5 > \frac{U_0}{U_f} > 1.57$$

（4）要有良好的经济性 从保证引弧容易和电弧稳定燃烧的角度来看，应尽可能采用较高的空载电压。但是空载电压太高将不利于经济性。这是因为当弧焊电源的额定电流 I_e 一定时，其额定容量 $S_e = U_0 I_e$ 是与 U_0 成正比的。可见，U_0 愈高，则 S_e 愈大，所需的铁铜材料就愈多，重量也愈大。同时还会增加能量的耗损，降低弧焊电源的效率。

（5）保证人身安全 为确保焊工的安全，对空载电压必须加以限制。

综上所述，在设计弧焊电源确定空载电压时，应在满足弧焊工艺需要，在确保引弧容易和电弧稳定的前提下，尽可能采用较低的空载电压数值，以利于人身安全和提高经济效益。对于通用的交流和直流弧焊电源的空载电压规定如下。

（1）交流弧焊电源 为了保证引弧容易和电弧的连续燃烧，通常采用 $U_0 \geqslant (1.8 \sim 2.25)U_f$。

手弧焊电源 $U_0 = 55 \sim 70\text{V}$

埋弧自动焊电源 $U_0 = 70 \sim 90\text{V}$

（2）直流弧焊电源 直流电弧比交流电弧易于稳定，但为了容易引弧，一般也取接近于交流弧焊电源的空载电压，只是下限约低 10V。

根据有关规定，当弧焊电源输入电压为额定值和在整个调整范围内，空载电压应符合：

弧焊变压器 $U_0 \leqslant 80\text{V}$；

弧焊整流器 $U_0 \leqslant 85\text{V}$；

弧焊发电机 $U_0 \leqslant 100\text{V}$。

一般规定空载电压不得超过 100V，在特殊用途中，若超过 100V 时必须备有自动防触电装置。

还应指出，上述空载电压范围是对下降特性弧焊电源而言的。在一般情况下，用于熔化极自动、半自动弧焊的平特性弧焊电源，具有较低的空载电压，并且必须根据额定焊接电流的大小作相应的选择。另外，对一些专用性的弧焊电源，例如带有引弧（或稳弧）装置的非熔化极气体保护焊电源；在特殊条件下，例如用于锅炉体内或其他窄小的容器内，用于焊条电弧焊的弧焊电源等，它们的空载电压应定得较低。如有的国家对用于容器体内焊接的弧焊电源空载电压规定为 $U_0 \leqslant 42\text{V}$，附加引弧措施，以防止焊工触电。

（三）对弧焊电源稳态短路电流的要求

在弧焊电源外特性上，当 $U_f = 0$ 时对应的电流为稳态短路电流 I_{wd}，如图 7-3（a）

所示。

当电弧引燃和金属熔滴过渡到熔池时，经常发生短路。如果稳态短路电流过大，会使焊条过热，药皮易脱落，使熔滴过渡中有大的积蓄能量而增加金属飞溅。但是，如果短路电流不够大，会因电磁压缩推动力不足而使引弧和焊条熔滴过渡产生困难。对于下降特性的弧焊电源，一般要求稳态短路电流 I_{wd} 对焊接电流 I_f 的比值范围为

$$1.25 < \frac{I_{wd}}{I_f} < 2$$

显然，这个比值取决于弧焊电源外特性工作部分至短路点之间的曲线形状（或斜率）。由上述可知，对于焊条电弧焊，为了使规范稳定，希望弧焊电源外特性的下降陡度大，即 K_w 较大为好，甚至最好采用恒流待性。与此同时，为了确保引弧和熔滴过渡时具有足够大的推动力，又希望稳态短路电流适当大些，即满足上式的要求。这就要求弧焊电源外特性，在陡降到一定电压值（10V 左右）之后转入外拖段，形成恒流（或陡降）带外拖的外特性。自外拖始点（拐点）到稳态短路点这区段，称之为短路区段。借助现代的大功率电子元件和电子控制电路，可以对这个短路区进行任意的控制。其主要参数是拐点的位置和外拖线段的斜率或形状。如图 7-9 所示为恒流带外拖外特性示意图，这是目前常用的两种基本形式。图（a）外拖线段为一下降斜线。图（b）外拖线段为阶梯曲线。根据弧焊工艺方法和焊接规范参数的不同，只要适当调节短路区段的外拖拐点和斜率或形状，便可有效地控制熔滴过渡和引弧过程，可以减少飞溅，从而得到优质的焊缝。

实际上，这是弧焊电源利用静态特性对动态特性进行控制的一种体现。

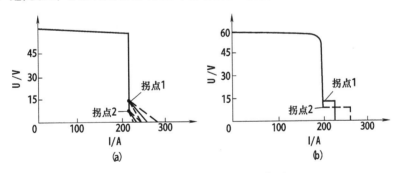

图 7-9 恒流带外拖外特性示意图

四、 弧焊电源外特性形状的种类

从电弧焊接工艺的要求出发，目前已研制出具有各种各样外特性形状的弧焊电源。

（一）下降特性

这种外特性的特点是，当输出电流在运行范围内增加时，其输出电压随着急剧下降。在其工作部分每增加 100A 电流，其电压下降一般应大于 7V。根据斜率的不同又可分为垂直下降（恒流）特性、缓降特性和恒流带外拖特性等。

（1）垂直下降（恒流）特性 垂直下降特性也叫恒流特性。其特点是，在工作部分当输出电压变化时输出电流几乎不变。

（2）缓降特性 其特点是当输出电压变化时，输出电流变化较恒流特性的大。其中一种按接近于 1/4 椭圆的规律变化；另一种缓降特性的形状接近于一斜线。

（3）恒流带外拖特性 其特点是在其工作部分的恒流段，输出电流基本上不随输出电压

变化。但在输出电压下降至低于一定值（外拖拐点）之后，外特性转折为缓降的外拖段，随着电压的降低输出电流将有较大的增加，而且外拖拐点和外拖斜率往往可以调节。

（二）平特性

平特性有两种：一种是在运行范围内，随着电流增大，电弧电压接近于恒定不变（又称恒压特性）或稍有下降，电压下降率应小于 7V/100A；另一种是在运行范围内随着电流增大，电压稍有增高（有时称上升特性），电压上升率应小于 10V/100A。

（三）双阶梯形特性

这种特性的电源用于脉冲电弧焊。维弧阶段工作于 L 形特性上，而脉冲阶段工作于 ⌐ 形特性上。由这两种外特性切换而成双阶梯形特性，或称框形特性。

第二节 对弧焊电源调节性能的要求

焊接时需根据被焊工件的材质、厚度与坡口形式等选用不同的焊接规范参数。而与电源有关的焊接参数是电弧工作电压 U_f 和工作电流 I_f。为满足所需的 U_f 和 I_f，电源必须具备可以调节的性能。

一、电源的调节性能

如前所述，电弧电压和电流是由电弧静特性和弧焊电源外特性曲线相交的一个稳定工作点决定的。同时，对应于一定的弧长，只有一个稳定工作点。因此，为了获得一定范围所需的焊接电流和电压，弧焊电源的外特性必须可以均匀调节，以便与电弧静特性曲线在许多点相交，得到一系列的稳定工作点，如图 7-10 所示。因此弧焊电源能满足不同工作电压、电流的需求的可调性能为其调节性能。它是通过电源外特性的调节来体现的。

根据图 7-2，在稳定工作的条件下，电弧电流 I_f、电压 U_f、空载电压 U_0 和等效阻抗 Z 之间的关系，可用下式表示：

$$\dot{U}_f = \dot{U}_0 - \dot{I}_f Z \tag{7-7}$$

或者

$$\dot{I}_f = \frac{\dot{U}_0 - \dot{U}_f}{Z} \tag{7-8}$$

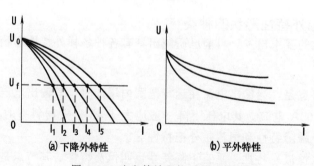

图 7-10　改变等效阻抗时的外特性

由式（7-7）、式（7-8）可知，调节焊接规范，即在给定电弧电压时来调节电弧电流〔见式（7-8）〕，或在给定电弧电流时调节电弧电压〔见式（7-7）〕，都可以通过调节弧焊电源的空载电压 U_0 和等效阻抗 Z 来实现。当 U_0 不变而改变 Z 时，便可得到一族外特性曲线，

图 7-10（a）为得到的下降外特性，图 7-10（b）为平外特性。当 Z 不变，改变 U_0 也可得到一族外特性曲线，图 7-11（a）为所得到的下降外特性，图 7-11（b）为平外特性。同时调节 U_0 与 Z，便可得到如图 7-12 的外特性曲线族。上述三种调节外特性的方式所表现出的调节性能是不同的。若能保证在所需的宽度范围内均匀而方便地调节规范，并能满足保证电弧稳定焊缝成形好等工艺要求的，为调节性能良好。特别是后面的要求与焊接方法有关，所以应按不同焊接方法采取不同的外特性调节方式。

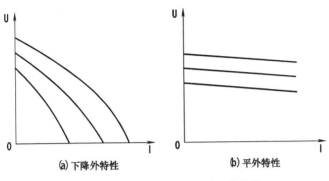

图 7-11 改变空载电压 U_0 时的外特性

（一）焊条电弧焊

这种焊接方法所用电流 I_f 的调节范围不大，即使电弧电压 U_f 不变，也能保证得到所要求的焊缝成形，所以在焊接不同厚度的工件时，电弧电压一般是保持不变的，只调节焊接电流。

一般要求交流弧焊电源空载电压 $U_0 = (1.8 \sim 2.25)U_f$。因为 U_f 基本不变，U_0 不必作相应的改变。焊条电弧焊常用的弧焊电源调节外特性方式如图 7-10（a）所示。但是，在小电流焊接时，电子热发射能力弱，需要靠强电场作用才容易引燃电弧。这点对于交流弧焊电源尤其重要。为了使电弧稳定，在小电流焊时，需要较高的 U_0，在大电流焊时，电子热发射能力强，U_0 可以降低，以提高功率因数，

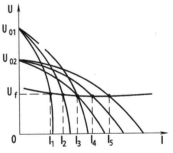

图 7-12 改变 U_0 和 Z 的外特性

节省电能。若能这样改变外特性的，就称为具有理想调节性能的弧焊电源，见图 7-12。

（二）埋弧焊

在自动焊中，一般当 I_f 增加时熔深随着增大，则要求增大 U_f，以使熔宽相应增加，从而保持合适的焊缝几何尺寸。当 U_f 增大时，则要求 U_0 相应提高，以便电弧稳定。因此，宜采用如图 7-11（a）所示的调节外特性方式。

（三）等速送丝气体保护焊

电弧静特性为上升的熔化极气体保护焊可选用平外特性的电源和等速送丝的焊机，因而图 7-10（b）和图 7-11（b）所示的电源外特性调节方式可用于上述场合来调节电弧电压。以图 7-11（b）所示方式调低时，U_0 也随着产生相应幅度的降低。U_0 太低，则电弧不稳，因而用该方式调节 U_f，其调节范围有限。而用图 7-10（b）所示方式时，因 U_0 不变有利于稳弧，允许在较大范围内调节 U_f，故调节性能优于前者。

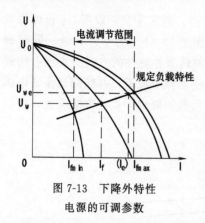

图 7-13　下降外特性
电源的可调参数

二、弧焊电源的可调参数

（一）下降外特性弧焊电源的可调参数

下降特性电源的可调参数示于图 7-13。

（1）工作电流 I_f　它是在进行弧焊时的电弧电流或这时电源输出的电流。

（2）工作电压 U_f　它是在焊接时，弧焊电源输出的负载电压。这时负载不仅包括电弧，还应包括焊接回路的电缆等在内。随着工作电流的增大，电缆上的压降亦增大。为保证一定的电弧电压，要求工作电压随工作电流增大。因而根据生产经验规定了工作电压与工作电流的关系为一缓升直线，称为负载特性，以便根据负载特性确定电源的电流或电压调节范围。在国家标准中规定的有关焊接方法的负载特性如下。

手弧焊和埋弧焊的负载特性为：

当 $I_f < 600A$ 时，$U_f = 20 + 0.04 I_f$（V）；

当 $I_f > 600A$ 时，$U_f = 44V$。

TIG 焊的负载特性为：

当 $I_f < 600A$ 时，$U_f = 10 + 0.04 I_f$（V）；

当 $I_f > 600A$ 时，$U_f = 34V$。

（3）最大焊接电流 I_{fmax}　是弧焊电源通过调节所能输出的与负载特性相应的上限电流。

（4）最小焊接电流 I_{fmin}　是弧焊电源通过调节所能输出的与负载特性相应的最小电流。

（5）电流调节范围　是在规定负载特性条件下，通过调节所能获得的焊接电流范围。通常要求：

$I_{fmax}/I_e \geqslant 1.0$

$I_{fmax}/I_e \leqslant 0.20$（TIG 焊要求 $I_{fmax}/I_e \leqslant 0.10$），$I_e$ 为额定焊接电流。

（二）平外特性弧焊电源的可调参数

平特性电源的可调参数示于图 7-14。

（1）工作电流 I_f　它的定义与下降特性电源的 I_f 相同。

（2）工作电压 U_f　它的定义亦同于下降特性电源的 U_f。亦要求它随 I_f 增大，规定的负载特性为：

当 $I_f < 600A$ 时，$U_f = 14 + 0.05 I_f$（V）；

当 $I_f > 600A$ 时，$U_f = 44V$。

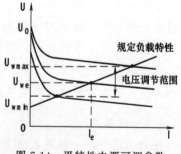

图 7-14　平特性电源可调参数

（3）最大工作电压 U_{fmax}　为弧焊电源通过调节所能输出的与规定负载特性相对应的最大电压。

（4）最小工作电压 U_{fmin}　为弧焊电源通过调节所能输出的与规定负载符性相对应的最小电压。

（5）工作电压调节范围　弧焊电源在规定负载条件下，经调节而获得的工作电压范围。

三、弧焊电源的负载持续率与额定值

弧焊电源能输出多大功率，与它的温升有着密切的关系。因为温升过高，弧焊电源的绝缘可能受到破坏，甚至会烧毁有关元件和整机。因而，在弧焊电源标准中对于不同绝缘级别，规定了相应的允许温升。弧焊电源的温升除取决于焊接电流的大小外，还决定于负荷的状态，即长时间连续通电还是间歇通电，例如，使用相同的焊接电流，长时间连续焊接，温升自然要高些；间歇焊接时，则温升就会低些。因而，同一容量的电源在断续焊时，弧焊电源允许使用的电流就大些。对于不同的负荷状态，给弧焊电源规定了不同的输出电流。这里可以用负载持续率 FS 来表示某种负荷状态，即

$$FS = \frac{负载持续运行时间}{负载持续运行时间 + 休止时间} \times 100\% = \frac{t}{T} \times 100\%$$

式中，T 为弧焊电源的工作周期，它是负载运行持续时间 t 与休止时间之和。焊条电弧焊电源的工作周期定为 5min。自动或半自动弧焊电源的工作周期规定为 20min、10min 和 5min。

负载持续率额定级别国家标准新的规定有 35%、60% 和 100% 三种。手弧焊电源一般取 60%，轻便型者可取 15%、25% 或 35%，自动或半自动焊电源一般取 100% 或 60%。

弧焊电源铭牌上规定的额定电流 I_e，就是指在规定的环境条件下，按额定负载持续率 FS_e 规定的负载状态工作，即符合标准规定的温升限度下所允许的输出电流值。与额定焊接电流相对应的工作电压为额定工作电压 U_{fe}。

在电源的电流调节范围内，按不同的负载持续率 FS 工作时，所允许使用的焊接电流 I_f 是不同的。FS、I_f 与额定值 FS_e、I_e 的关系式如下：

$$I_f = \sqrt{\frac{FS_e}{FS}} I_e$$

第三节　对弧焊电源动特性的要求

一、动特性问题的提出

上面所述是针对焊接电弧处于稳定的工作状态，即电弧长度、电弧电压和电流在较长时间内不改变自己的数值，处在静态的情况。然而，实际上用熔化极进行电弧焊时，电极（焊条或焊丝）在被加热形成金属熔滴进入熔池时经常会出现短路。这样，就会使电弧长度、电弧电压和电流产生瞬间的变化。因而，在熔化极弧焊时，焊接电弧对供电的弧焊电源来说，是一个动态负载。这就需要对弧焊电源动特性提出相应的要求。

所谓弧焊电源的动特性，是指电弧负载状态发生突然变化时，弧焊电源输出电压与电流的响应过程，可以用弧焊电源的输出电流和电压对时间的关系，即 $u_f = f(t)$、$i_f = f(t)$ 来表示，它说明弧焊电源对负载瞬变的适应能力。

只有当弧焊电源的动特性合适，才能获得良好的引弧、燃弧和熔滴过渡状态（即电弧稳定、飞溅少等），从而能得到满意的焊缝质量。这对采用短路过渡的熔化极电弧焊来说，是特别重要的。

二、各种弧焊方法的负载特点与弧焊电源的动特性

电极（焊条或焊丝）被加热形成的金属熔滴进入熔池的过程，称为熔滴过渡。

对不熔化极弧焊来说，由于它不是靠电极本身的金属来填充熔池的，在焊接过程中电极不熔化，而且常采用非接触方法引弧。由于电弧长度、电弧电压和电流基本上没有变化，因此可以不考虑对电源动特性的要求。

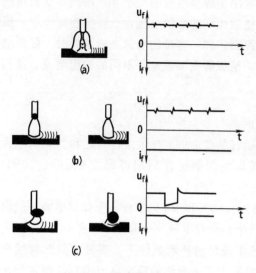

图 7-15 熔滴过渡形式和
电弧电压、电流的波形图

然而，对熔化极弧焊来说，随所采用的工艺方法和焊接规范不同，熔滴过渡就有各种形式，动负载的变化情况也各异，因此对弧焊电源的动特性要求就有所不同。

图 7-15 所示为熔滴以细颗粒高速进入熔池的射流过渡［图（a）］和熔滴以自由飞落方式进入熔池的滴状过渡［图（b）］。除滴状过渡时偶尔出现大熔滴短路外，这两种情况的电弧电压和电流基本不变，可以把这时的电弧看成静态负载。因此，在上述情况下，对弧焊电源的动特性没有什么特殊要求。而短路过渡则不然，由于它的电弧是动载，使弧焊电源常在空载、负载、短路三态之间转换，故需对弧焊电源的动特性提出要求。现用手工弧焊和细丝 CO_2 焊这两种典型的熔滴短路过渡为例来作进一步说明。

焊条电弧焊采用短路引弧，在短路过渡的情况下，电源的电流和电压变化曲线如图7-16所示。焊接开始时，首先使焊条与工件短路［图 7-16（c）之 1］。此时弧焊电源端电压迅速下降至短路电压 U_d。与此同时，电流迅速增至最大值 I_{sd}，然后又逐渐下降到稳态短路电流 I_{wd}。待焊条离开工件之后，电源电压迅速上升，电流迅速下降，形成了电弧放电，这是引弧过程，如图 7-16（c）之 2 所示，在电弧稳定燃烧之后，焊条端部形成熔滴并逐渐增大，电弧电压逐渐下降，电流逐渐上升，这是燃弧过程，如图 7-16（c）之 3 所示。当熔滴把焊条与熔池短路［图 7-16（c）之 4］时，电弧瞬时熄灭，电压下降，电流又增至短路电流 I_{fd}，此时金属熔滴在重力和电磁压缩力的作用下进入熔池，这是短路过渡过程。待熔滴脱落之后，又进入电弧重新引燃阶段。如此周而复始，电弧电压和电弧电流就出现周期性的变化。在这里可以把整个循环过程概括成："空载—短路—负载"的引弧过程和"负载—短路—负载"的熔滴过渡过程。

至于细丝 CO_2 焊熔滴短路过渡的情况，其典型的短路过渡过程的电压、电流波形如图7-17所示。电弧引燃后焊丝端部形成熔滴［图（c）2］，并逐渐增大［图（c）3、4］，直至电弧间隙短路［图（c）5］。此时电弧熄灭，电压急剧下降，短路电流突然增大。熔滴在电磁压缩力作用下形成缩颈，并向熔池过渡（时刻 6、7）。熔滴脱落后电弧间隙的电压急剧增大到超过稳定的电弧电压，并重新引燃电弧［图（c）8］。以后重复整个循环。显然，这与手弧焊短

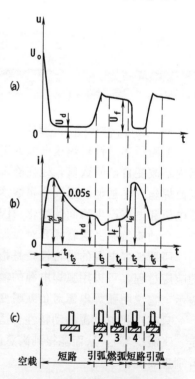

图 7-16 焊条电弧焊时弧焊电源的
电流和电压的变化曲线

路过渡的情况相似，弧焊电源也工作在空载、短路、负载之间周期性的变换状态之中，而且频率更高。

　　通过前面两种弧焊方法的分析可知，随着电弧负载的变化［见图 7-16、图 7-17 之（c）］，电源输出电压和电流的响应过程，即图 7-16、图 7-17 中的（a）、（b）所示的曲线，这些曲线就是电源的动特性。由图可见，电源在动载作用之下不断地由一种稳态过渡到另一种稳态。例如，由空载到短路及由负载到短路的过渡，电流和电压不是跃变的而是逐渐变化的，且出现短路电流峰值；由短路过渡到负载时，电源输出电压也有个恢复过程。短路电流的增长速度、短路电流峰值的大小和电源电压恢复的快慢，对焊接过程有重要影响。不同电源对上述电弧动载的响应过程不尽相同，即动特性曲线的形状是不一样的，这取决于它们本身的结构、原理和参数。我们需要了解电源动特性对焊接过程的影响，进而从保证引弧、燃弧、熔滴过渡能处于良好状态的客观要求出发，对电源动特性规定若干指标，用以指导弧焊电源的设计制造和考核电源对弧焊过程的适应能力。

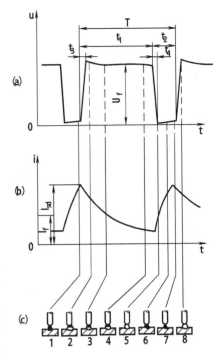

图 7-17　短路过渡过程的
电流、电压波形图

三、弧焊电源动特性对焊接过程的影响及对它的要求

　　对弧焊电源动特性好坏的评定，就主观评定而言，是由人经试焊后作出的。所谓动特性好，一般指引弧和重新引弧容易，电弧稳定和飞溅少。就客观评定而言，是用仪器测定参数后作出评定的（按标准指标）。在这里，着重介绍焊条电弧焊电源和短路过渡细丝 CO_2 焊用电源的动特性对焊接过程的影响及所规定的指标。

　　（一）焊条电弧焊电源

　　（1）对瞬时短路电流峰值的要求　瞬时短路电流峰值，是当焊接回路突然短路时，输出电流的峰值，如图 7-16 所示。一般需考虑由空载到短路和由负载到短路两种情况。

　　① 由空载到短路

　　a. 瞬时短路电流峰值 I_{sd}。由空载到短路时的 I_{sd} 值影响开始焊接时的引弧过程。I_{sd} 太小，则不利于这时的热发射和热电离，使引弧困难；若此值太大，则造成飞溅大甚至引起工件烧穿。对它的要求指标，是以其与稳定短路电流之比——I_{sd}/I_{wd} 来衡量。

　　b. 0.05s 瞬时短路电流值 I'_{sd}。对于硅弧焊整流器，因短路电流过冲，存在的时间往往较长，所以也有人认为只考核 I_{sd} 是不够的，还需考核短路过程开始后 0.05s 时的短路电流值 I'_{sd}［见图 7-16（b）］。I'_{sd} 大，则表示短路电流由峰值降下来的过程慢，短路电流冲击能量大，引起的飞溅严重，使工件烧穿的危险性大，它也影响引弧性能。对它的要求指标，也以其与稳定短路电流之比——I'_{sd}/I_{wd} 来衡量。因实际意义不大，故一般不考核。

　　② 由负载到短路的 I_{fd}　它影响熔滴过渡的情况。I_{fd} 太大，则使熔滴飞溅严重，使焊缝成形变坏，甚至引起焊件烧穿、电弧不稳；I_{fd} 过小，造成功率不够，熔滴过渡困难。通常以其与稳定工作电流之比来衡量。

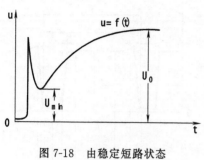

图 7-18 由稳定短路状态
突然拉开时的 $u = f(t)$

（2）对恢复电压最低值的要求 用直流弧焊发电机进行手弧焊开始引弧时，在焊条与工件短路被拉开后，即由短路到空载的过程中，由于焊接回路内电感的影响，电源电压不能瞬间就恢复到空载电压 U_0，而是先出现一个尖峰值（时间极短），紧接着下降到电压最低值 U_{min}，然后再逐渐升高到空载电压 U_0，见图 7-18。这个电压最低值 U_{min} 就叫作恢复电压最低值。

在焊接过程中，熔滴将电弧间隙短路，当熔滴脱落过渡到熔池后，重新引燃过程中的电源电压变化过程与上述相似，也有 U_{min} 值出现。如果 U_{min} 过小，则不利于电子发射和电离，使熔滴过渡后的电弧复燃困难。所以对弧焊发电机的 U_{min} 应加以考核，提出要求。弧焊整流器的工作原理与弧焊发电机不同，不存在这个电压最小值，而不必考核。

一般来说，弧焊变压器的动特性都没有问题，因此，不必考核它的动特性。

（二）短路过渡细丝 CO_2 焊用电源

上面所介绍的电源动特性指标，是针对手弧焊下降外特性电源提出的。对细丝 CO_2 焊平外特性电源动特性的指标，尚无明确规定，这里只介绍对这种弧焊电源动特性的一般要求，它主要包括短路电流增长速度、空载电压恢复速度和短路电流峰值。短路电流峰值对焊接过程的影响，前面已作分析，不再重复。

（1）短路电流增长速度 从负载到短路的短路电流增长速度 di_{fd}/dt，是影响熔滴过渡过程的一个主要参数，这个参数过大或过小都是不利的。di_{fd}/dt 过小，则短路过渡频率减小，熔滴过渡时的小桥难以断开，这将使短路时间延长以致焊丝成段爆断，产生大颗粒金属飞溅，电弧难以复燃，甚至造成焊丝插入熔池直接与工件短路使电弧熄灭。di_{fd}/dt 过大，则造成大量小颗物金属飞溅，焊缝成形不好，金属烧损严重。

弧焊整流器的短路电流增长速度往往很大，需在焊接回路串入可调的输出电抗器，以便对其控制。

（2）空载电压恢复速度 当短路阶段结束后，希望立即引燃电弧，以免焊接过程出现中断的情况，这就要求弧焊电源要有足够快的空载电压恢复速度。但这一要求对平特性弧焊整流器来说是不难实现的。

习 题

一、填空

1．"电源-电弧"系统的静态稳定条件是＿＿＿＿＿＿＿＿＿＿＿。

2．试写出三种常用弧焊电源外特性曲线形状＿＿＿＿＿、＿＿＿＿＿、＿＿＿＿＿＿。

3．电源的调节性能是通过弧焊电源＿＿＿＿＿＿＿的调节来实现的。

4．弧焊电源是用来对焊接电弧提供电能的一种专用设备。它除了具有一般电力电源所具有的特点外，还必须满足焊接工艺对其的要求，即应具有保证引弧＿＿＿＿＿＿＿；保证电弧＿＿＿＿＿＿；保证焊接规范＿＿＿＿＿＿＿；具有足够宽的＿＿＿＿＿＿＿。

5. 由于焊接方法及焊接规范的不同，电弧工作在不同的特性段上，因此，与其配合的电源外特性的_____也应是不同的。

6. 在稳定状态下，弧焊电源的输出电压和输出电流之间的关系，称为弧焊电源的_____。

二、选择

1. 在焊接过程中，"电源-电弧"构成一个稳定的系统，其稳定性包含了两方面的含义，即（　　）。

A. 系统的动态平衡和对干扰的反应能力　　B. 系统的静态平衡和对干扰的反应能力
C. 系统的动态平衡和焊接工艺参数的稳定　D. 系统的静态平衡和焊接工艺参数的稳定

2. 提高弧焊电源的空载电压，下列各项提高的是（　　）。

A. 电弧稳定性　B. 焊接电弧电压　C. 焊接热输入　D. 焊接电源的功率

3. 符合弧焊电源动特性要求的是（　　）。

A. 较慢的短路电流上升速度　　　　　B. 较长的恢复电压最低值的时间
C. 合适的瞬时短路电流峰值　　　　　D. 较长的恢复电压最高值的时间

4. 普通变压器的负载是用电设备，而弧焊电源的负载是（　　）。

A. 电焊机　　　B. 焊条　　　C. 焊丝　　　　D. 电弧

5. 由于焊接方法及焊接规范的不同，电弧工作在不同的特性段上，因此，与其配合的电源外特性曲线的形状也应是不同的，当电弧工作在静特性曲线的上升段时，电源外特性曲线可以是（　　）。

A. 水平的　　　B. 略微上升的　　　C. 下降的

6. 等速送丝控制系统的熔化极电弧焊最好采用的电源外特性为（　　）。

A. 平特性　　　B. 微升特性　　　C. 下降特性

三、问答题

1. 弧焊对电源电气性能提出的要求是什么？

2. "电源-电弧"系统的稳定条件是什么？如何表示？

3. 电源外特性大致可分为哪几种基本形状？如何定量划分？

4. 电源的空载电压过高或过低有什么坏处？

5. 一般弧焊电源的空载电压数值在什么范围内？

6. 弧焊电源为什么要具备调节性能？如何调节？

7. 弧焊电源的负载持续率和额定电流的含义是什么意思？

8. 弧焊电源的动特性是指什么？

9. 焊条电弧焊整流器要求达到怎样的动特性指标？

10. 弧焊电源的动特性对弧焊过程有何影响？

11. 下降特性弧焊电源的电流调节范围以及平特性电源的电压调节范围是如何确定的？

参考文献

[1] 秦曾煌. 电工学. 北京：高等教育出版社，1990.

[2] 任廷春. 弧焊电源. 北京：机械工业出版社，1990.

[3] 于占河. 电工技术基础. 北京：化学工业出版社，2009.

[4] 姜焕中主编. 焊接方法与设备：第一分册. 北京：机械工业出版社，1981.

[5] 郑宜庭. 弧焊电源. 北京：机械工业出版社，1989.

[6] 黄石生. 弧焊电源. 北京：机械工业出版社，1980.

[7] 牛济泰. 焊接基础. 哈尔滨：黑龙江科学技术出版社，1983.

[8] 王震澄. 气体保护焊工艺和设备. 北京：国防工业出版社，1990.

[9] 曾乐. 现代焊接技术手册. 上海：上海科学技术出版社，1993.

[10] 周玉生. 焊接电工. 北京：机械工业出版社，1985.

[11] 任廷春. 焊接电工. 北京：机械工业出版社，2004.